天人合一

齐鲁文化与中国生态哲学

吴承笃 著

本丛书被评为『山东省理论大众化出版工程重点项目』

齐鲁文化与当代中国丛书

山东人民出版社·济南

国家一级出版社 全国百佳图书出版单位

图书在版编目（CIP）数据

天人合一：齐鲁文化与中国生态哲学/吴承笃著.--济南：山东人民出版社，2017.12

（齐鲁文化与当代中国丛书）

ISBN 978-7-209-10714-3

Ⅰ. ①天… Ⅱ. ①吴… Ⅲ. ①地方文化-研究-山东②生态学-哲学-研究-中国 Ⅳ. ①G127.52②Q14-02

天人合一

——齐鲁文化与中国生态哲学

吴承笃 著

主管部门 山东出版传媒股份有限公司

出版发行 山东人民出版社

社　　址 济南市英雄山路165号

邮　　编 250002

电　　话 总编室（0531）82098914

　　　　 市场部（0531）82098027

网　　址 http://www.sd-book.com.cn

印　　装 山东华立印务有限公司

经　　销 新华书店

规　　格 16开（169mm×239mm）

印　　张 13

字　　数 150千字

版　　次 2017年12月第1版

印　　次 2017年12月第1次

印　　数 1-1000

ISBN 978-7-209-10714-3

定　　价 30.00元

总序

增强文化自信，弘扬中华优秀传统文化，实现优秀传统文化创造性转化与创新性发展，业已成为时代的最强音。习近平总书记在党的十九大报告中强调："深入挖掘中华优秀传统文化蕴含的思想观念、人文精神、道德规范，结合时代要求继承创新，让中华文化展现出永久魅力和时代风采。"何为"优秀"传统文化？弘扬传统文化的内容是什么？习近平总书记提出的"四个讲清楚"，即"讲清楚每个国家和民族的历史传统、文化积淀、基本国情不同，其发展道路必然有着自己的特色；讲清楚中华文化积淀着中华民族最深沉的精神追求，是中华民族生生不息、发展壮大的丰厚滋养；讲清楚中华优秀传统文化是中华民族的突出优势，是我们最深厚的文化软实力；讲清楚中国特色社会主义植根于中华文化沃土、反映中国人民意愿、适应中国和时代发展进步要求，有着深厚历史渊源和广泛现实基础”，蕴含着丰富的理论内容，其中，就对待传统文化的态度而言，体现为四个原则，即植根历史根脉，挖掘当代价值，培育国际视野，立足人类高度。

植根历史根脉，是正确对待传统文化的基础与前提。中国传统文化中有重史的传统。传说中，仓颉就是黄帝的史官。《吕氏春秋·先识览》载：“夏太史令终古，出其图法，执而泣之。夏桀迷惑，暴乱愈甚，太史令终古乃奔如商。”从甲骨卜辞看，3000多年前的商朝便有了专门的史官，自秦代以降就有了“左史记事，右史记言”的说法。中国的史传类文字构成了中国文献的主要组成部分，《四库全书》中，经、子、集三部实际上也有大量“史”的内容。中国史书、史料之多，世界上无出其右者。以史为鉴，由史可知兴替。正如葛剑雄在《中国古代为什么有重视历史的传统》一文中所说：“历史在中国所起的作用，一定程度上等同于对神的崇拜和对某种宗教的信仰。”重史传统的形成，与丰富的历史传统直接相关；从另一个层面讲，中国的重史传统，又直接增强了历史传统的丰富度。中华传统文化中的核心理念，如道、中、和、仁等，无一不是从历史的深处走来，是有本之木、有源之水。如讲仁爱，后世把三皇五帝时代的舜视作仁爱的典范；儒家经典《论语》共两万多字，“仁”字便出现了109次；孟子讲“亲亲而仁民，仁民而爱物”；宋代的张载更是提出“民胞物与”的主张。这些思想家的仁爱观念，聚合成中华传统文化中讲求爱有等差、以爱家人为基本，由近及远向外辐射到他人乃至天地万物的中国仁爱思想体系。凝魂聚气，强基固本。一个持续生长了几千年的文明，有着健旺的精气神。母性的土地，滋养出独具特色的文化风景。中华传统文化成长于中华民族特有的生存环境之中，源远流长，博大精深，包含着中华民族高超的生存智慧，积淀着中华民族最深沉的精神追求，是中华文明持续健康发展的底气。正如习近平总书记所说："中华文化积淀着中华民族最深沉的精神追求，是中华民族生生不息、发展壮大的丰厚滋养。"

挖掘当代价值，旨在激发传统文化在当代的生命活力。树大根深，枝繁叶茂。中华传统文化涵盖精神信仰、哲学观念、政治制度、社会风俗的各个层次、各个方面，是一棵生机盎然的大树。讲仁爱、重民本、守诚信、崇正义、尚和合、求大同，醇厚的文化基因为中华民族生生不息、发展壮大提供了丰厚的精神滋养，也为培育和践行社会主义核心价值观、建构当代社会主义文化提供了不竭的动力支持。例如，中华传统文化中的仁爱理念，蕴含着深刻的平等观，它内在地承认人与人在生命价值上是平等的，因而才能做到一视同仁。对他人的尊重，深含人道精神。这种理念，既是一种人生态度，也是一种高超的生存智慧。现代社会、国家、个人的发展，必须以"爱人""成己、成人、成物"为前提和目的。"仁爱"可以说是"和谐""公正""敬业""友善"等价值观的源头。仁爱观念能够促进和谐人际关系的建立，有利于家庭和社会秩序的稳定，有利于世界和平的维护，有利于良性生态环境的建构。正是从这个意义上说，"仁爱"与社会主义核心价值观有着千丝万缕的联系，理应成为社会主义核心价值观的题中应有之义。再如，中华传统文化主张“民惟邦本”，并设计了民本的三个层次：爱民育民，关心下层人的疾苦；节制欲望，使民以时；为民谋利、执政为民，“泽加于民”。这为当下的治国理政提供了丰富的借鉴。代有传人，一脉相承。中华传统文化鲜活地存在于当下的生活之中。中华传统文化是中华民族基于独特的生存环境长期发展而成的，蕴含着中华民族的生活习惯、生存智慧、文化理念，积淀着中华民族的精神追求。中华民族的文化基因，生动呈现于当代社会的方方面面。

培育国际视野，推进传统文化全球化，是一个极具时代感的命题。人类发展的历史，就是不断全球化的历史。从封闭走向开放，从隔离走向融通，是人类历史发展的大趋势。安东尼·吉登斯在《现代性的后果》一书中，从世界资本主义经济、民族国家体系、国际劳动分工、世界劳动秩序四个维度阐述了全球化。当今时代，伴随着互联网的快速普及，全球化已成为人们广泛关注的世界性话题。习近平总书记曾说：“只有交流互鉴，人类文明才能充满生机。”交流使互鉴成为可能，互鉴是交流的目的所在。将中华传统文化以国际视野进行考量、辨析，也才能真正将其“讲清楚”。例如，中华传统文化讲“仁爱”，基督教文化讲“博爱”。仁爱即“老吾老以及人之老，幼吾幼以及人之幼”，它由亲情之爱上升到人类之爱，再扩展到万物之爱，由“孝悌”到“爱人”，由“修己”到“安人”，因而平实可行。这就与基督教文化中的“博爱”有所不同：来源不同，一为上帝，一为人的生命，因而前者是权威的要求，后者是真情的流露；目的不同，一为个人的得救，一为推己及人，传递个人的感受。以“博爱”来观照“仁爱”，中华传统文化重亲情的人间性表现得格外鲜明。再如，同样是讲守信，以西方人的“契约”来审视中国人的“诚信”，便能看出诸多的不同。契约式的守信，是外在规则约束下的守信，是通过外在强制性规范对不守信的人加以惩罚来实现的。与之不同，中华传统文化中的“诚信”，源于内在道德性的要求，是君子之则。这种诚信，是基于血缘、地缘与人缘的熟人社会的，因此在贸易发达、商业活动相当复杂的时代便无法维持。中与西，古与今，架构起讲清楚中华传统文化的两个认知框架。“如切如磋，如琢如磨”，在与不同文化的对比中，中华传统文化的优势与不足方能充分显现出来。在此过程中，中华传统文化的生命力也得以丰富彰显。

立足人类高度，是传统文化创新发展的应有追求。对国际视野的培育当然不能唯西学马首是瞻，而是要借此综合创新，以人类的高度来审视中华传统文化，也就是要在“人类命运共同体”中来“讲清楚”中华传统文化。2013 年 3 月，习近平在莫斯科国际关系学院发表重要演讲，他指出：“这个世界，各国相互联系、相互依存的程度空前加深，人类生活在同一个地球村里，生活在历史和现实交汇的同一个时空里，越来越成为你中有我、我中有你的命运共同体。”此后，习近平总书记多次在不同场合向国际社会传递过这一中国理念。“人类命运共同体”，向世界传递了在国与国关系中追求和平发展的愿望。同声相应，同气相求。中华传统文化追求高远、思想深邃，在人类思想的高处与其他文化相遇，是整个人类文明的瑰宝。仁者爱人，重和合，求大同，有利于缓释不同民族、不同国家、不同文化之间的冲突；“人与天地万物一体”“民胞物与”有助于建构新的生态环境伦理和可持续发展的战略规划，对正确处理人与自然的关系问题具有启迪意义；大道之行，天下为公，构画了人类发展的未来愿景。中华传统文化体现了中国人的生存智慧，也丰富了整个人类的立命之学。

日新之谓盛德，生生之谓易。传统文化，是在历史发展过程中不断融合新质、转换创新的产物。中华传统文化，富有海纳百川的创新精神和巨大的创生能力。时移事易，新的时代，新的处境，中华传统文化也承担着实现创造性转化和创新性发展的责任。要把握时代脉搏，吸引人类其他文明的优秀成分，引领时代前进，为中华民族生生不息、发展壮大提供源源不断的丰厚滋养。中国当代的生态文明建设，要植基于中华传统文化的“仁爱”观念，同时也要融入现代科学的生态理念；中华传统文化中的“民本”观念，在家天下的背景下，强调的是“为人民的统治”，而忽略了“人民的统治”，只有融入现代的民主观念，才能推进人民民主专政；现代诚信建立在现代社会发展的基础之上，要把西方法律文化中的自由、平等、权利等内容作为重要参考，实现美德与制度的结合；等等。《尚书·说命》讲“知之匪艰，行之惟艰”，朱熹认为知先行后、知轻行重、知行互发，王阳明进一步提出“知行合一”……由知行关系来看，中华传统文化的“双创”与“四个讲清楚”也是“合一”的两个方面。

齐鲁文化在中华传统文化中占据着特别重要的地位。齐鲁大地是中华文明最早的发源地之一，有着深厚的文化基础。以周封齐鲁为契机，齐鲁成为中华早期文明的“重心”之地。春秋末期，儒学创始人孔子的出现，既是齐鲁文化发展的结果，同时也推动了齐鲁文化地位的进一步提升。战国时期百家争鸣，齐鲁的重心地位更加突显：诸子百家多出齐鲁，齐国的稷下学宫成为百家争鸣的中心之地，儒墨显学并出于齐鲁。秦汉以后，齐鲁文化由地域文化上升为国家的主流文化，成为中华传统文化的核心和主干。中国思想史界著名学者杨向奎先生对齐鲁文化的这种特殊地位做了精辟概括："齐鲁文化，实为先秦文化的核心，在中国历史上，齐鲁文化也是传统文化的正统派。"齐鲁文化的这种特殊地位与特殊贡献，使它超出了地域范围而具有国家乃至世界性的意义。中华传统文化的基础与主干都与齐鲁文化有着密切的联系。

《齐鲁文化与当代中国丛书》基于以上的思路策划撰写，五本书的作者都是在相关领域卓有成就的中青年学者，文字中凝聚了他们的研究和思考，也浓缩了中国当代学人对中国传统文化的深情。本丛书由山东省社会科学界联合会组织策划，得到中共山东省委宣传部的高度重视，被列入山东省理论大众化出版工程重点项目，同时得到了教育部人文社科重点研究基地山东师范大学齐鲁文化研究院、山东省协同创新中心"齐鲁文化传承与山东文化强省建设"项目的经费支持。"周虽旧邦，其命维新"，中华传统文化正日渐焕发出新的生机。实现民族复兴，中华民族的发展，要从中华传统文化中汲取力量；克服诸多困难，人类社会的进步，要从中华传统文化中寻找智慧。

编　者

2017 年 12 月

目录

绪论

齐鲁文化在建构人与自然、人与社会的关系时，体现出一种卓然的生态智慧。这些生态智慧存在于不同的文化形态中，支撑着齐鲁文化中天人共生、天人和谐的思想，对当前我国生态文明建设具有积极的意义。

党的十七大之后，生态文明逐渐成为我国政治、经济和文化发展的重要内涵，生态文明建设与经济建设、政治建设、文化建设、社会建设共同构建了“五位一体”的中国特色社会主义总布局。党的十八大指出：“建设生态文明，是关系人民福祉、关乎民族未来的长远大计。面对资源约束趋紧、环境污染严重、生态系统退化的严峻形势，必须树立尊重自然、顺应自然、保护自然的生态文明理念，把生态文明建设放在突出地位，融入经济建设、政治建设、文化建设、社会建设各方面和全过程，努力建设美丽中国，实现中华民族永续发展。”在这里，我们可以看到，作为关乎人民福祉和民族未来的具体的文化存在，生态文明不是一种抽象的文明形式，文化传统、社会发展阶段、经济发展模式以及我们对生态现状的认知等因素都会影响生态文明的建设。生态文明的建设需要立足现实，吸收传统文化中合理的、积极的因素，需要不断丰富生态文明的内涵，凸显生态文明的特色，同时需要在传统文化的基础上不断反思、不断进步，让新的文明将人类社会的发展与自然环境的发展统一起来。

从人类文明发展的角度来看，生态文明是对此前诸种文明形态的扬弃与超越，是取各阶段文明之长的高等文明形式，是对自然掠夺式发展模式的纠偏。众所周知，西方近代以来推崇的“人类中心主义”思想是造成当今生态危机的一个重要原因，在这种思想的影响下，人与自然的关系被生硬地割裂了。“人类中心主义”思想把人作为价值的主体、价值的裁判者，把自然界视作人类开发的一种资源，一种用来为人类服务的对象，自然界的价值仅仅是以人的需要为前提的工具的价值。面对严峻的生态危机，我们需要在以人类中心主义和认识论为基础的西方文明之外找到重构人与自然和谐共处的文化资源，从古老的东方文明中找寻拯救人与自然界的思想良方。西方文明乃至现代文明，用“失去灵魂”换回的“征服”，不仅没有让人类走向崇高和美好，反而让人类陷入空前的精神危机和生存危机。与西方传统的机械论世界观不同，东方哲学强调的是宇宙整体的有机合一，培养人与自然圆融无碍、共生共荣的关系，维护生态文化的和谐性与整体性。尽管也有不少西方文化理论家开始反思生态问题，如阿伦奈斯、利奥波德和布伊尔等人都提出了生态哲学的观念，“但是这并不是说，在现今的生态哲学中已经到达了尽善尽美的生存智慧。也不是说在生态哲学出现之前就没有产生过相当深刻的生态智慧。事实上，在东方古代的文化传统中就产生过非常深刻的生态直觉，这些生态直觉对于当代人类生态观的发展和完善具有十分重要的价值”[①]。

国学大师钱穆在《中国历史精神》一书中指出：“若把代表中国正统文化的，譬之于西方的希腊般，则在中国首先要推山东人。自古迄今，山东人比较上最有做中国标准人的资格。”[②] 齐鲁文化作为中华传统文化的主要形态，从文化内涵上承担着具有中国特色生态文明建设的重任。从生态的角度来看，齐鲁文化包含着丰富的生态内涵，从诸多方面影响着我国生态文明的发展。

中华文明的发祥地，目前公认的有泰山区块、华山周围、四川盆地、江汉平原、长江下游、辽西平原等六大区域。其中泰山区块作为中华文明发祥地中最大和最早的区域，也是齐鲁文化的诞生地。它包含了山东的大部分地区，以泰山、沂蒙山周围为中心，覆盖黄河下游及汶河、沂河、泗河、沭河等流域，东到大海，向南与江苏北部及淮北地区毗邻。从地理位置来看，齐鲁大

① 佘正荣：《生态智慧论》，中国社会科学出版社 1996 年版，第 3 页。
② 钱穆：《中国历史精神》，九州出版社 2016 年版，第 173 页。

地地处北温带季风气候区，春夏秋冬四季分明，南北连接华东与华北，东西沟通大海与中原，兼有南方、北方、沿海、内陆的各种环境特征。从地形来看，山脉、丘陵、平原、洼地、湖泊等多种地形交相分布，相互支撑，构成了山东地区特殊的地理环境。山东以海拔最高、面积最大的泰（山）沂（蒙）山系为中心向四周拓展，周围是平原和丘陵。雨水通过山间的无数河道向北、西、南流淌，形成了广袤的山麓平原。与冲积平原相比，山麓平原的特点是水资源丰富，土层较厚且土质较好。这一区域土壤肥沃，雨量充沛，适宜多种动植物生长。总之，齐鲁大地的自然条件是非常优越的，气候湿润温暖，雨量充沛；植被茂盛，野生动植物资源丰富，特别是鹿等食草动物数量众多，能够满足人类生产生活的需求；河流众多，河流的径流量比较大，鱼类水产资源丰富。优良的自然环境，为人类的生存提供了丰富的自然资源，也孕育了早期的人类文明。齐鲁大地是较早出现人类活动的区域，早在四五十万年之前，东夷人的祖先沂源人就在这片土地上繁衍生息，并逐渐拉开了齐鲁文化的序幕。得益于自然的馈赠，人类的农牧渔猎等生产活动得到巨大的发展。据《史记·货殖列传》记载："齐带山海，膏壤千里，宜桑麻。"齐鲁大地东部滨海，海洋为人类在衣、食、渔、盐和交通等方面的活动提供了巨大的便利；西部地区是辽阔的平原，非常适宜从事农牧业生产。

齐鲁大地具有非常适合人类居住的优良的地理环境，孕育了以农耕经济为主体的经济生产模式。齐鲁大地川泽丰富，为农业生产提供了丰富的水力资源。"历史时期，黄河下游曾经有过许多湖泊，星罗棋布，犹如今江淮之间。仅就其大的来说，在今山东省境内，就有大野（或作巨野）、雷夏、菏泽三个。……这些湖泊虽然不断有所变迁，不过在六世纪初期郦道元作《水经注》时，还相当繁多。仅太行山东就不下四五十个，黄河以南，嵩山、汝、颍以东，泗水以西，直至长淮以北，较大的也有一百四十个。”① 考古资料表明，四五千年前，完备的原始农业形态就已经在这片土地上出现了。稳定的农耕生产为齐鲁文化中天人和谐的生态观念提供了现实的基础，培养了人们知天敬天、尊重自然的生态意识。齐鲁先民在这种自然环境中形成了敦本务农、勤于耕作的社会习俗，人人乐居恋土。《太平寰宇记》就记载了山东曹州、郓州一带的生产习俗是“好稼穑”“肆力农桑”。《元一统志》记载曹州、濮州、济宁等地，“其民朴厚，好稼穑，务桑织”，记载莱州等地是“男通渔盐之利，女习绩纺之业”。在这种生存环境之下，人们以务实的环境伦理为基本的价值尺度，从自然获取资源，并回馈自然的恩赐。章太炎在《驳建立孔教议》中说：“国民常性，所察在政事日用，所务在工商耕稼，志尽于有生，语绝于无险。”② 在齐鲁文化中，不存在当今消费主义所宣扬的以物质消费作为幸福的指标，商品的符号价值并没有脱离物质实体而无限膨胀。人类的生存以尊重自然为前提，社会发展也以符合自然的规律为基本尺度。阅读齐鲁先贤的论著，我们发现，自然的馈赠往往就是生活富足的标准。孟子曾向梁惠王描绘了一

① 史念海：《河山集》（二集），生活·读书·新知三联书店 1981 年版，第 58 页。

② 章太炎：《驳建立孔教议》，见《章太炎政论选集》（下），中华书局 1977 年版，第 689 页。

个理想的自给自足的小农家庭的蓝图："五亩之宅，树之以桑，五十者可以衣帛矣。鸡豚狗彘之畜，无失其时，七十者可以食肉矣。百亩之田，勿夺其时，数口之家可以无饥矣。"（《孟子·梁惠王上》）管仲也提出："养桑麻、育六畜则民富"《管子·牧民》，"六畜育于家，瓜瓠荤菜百果备具，国之富也"（《管子·立政》），"一树一获者，谷也。一树十获者，木也"（《管子·权修》）。社会发展不能依赖对自然的无度索取，而应是在满足生存基础上对自然进行适度开发，这既是务实的生存态度，也是保持自然生态的合理观念。

齐鲁先贤们不但认识到自然资源是人类的生存之本，同时也认识到自然资源是有限的。齐鲁文化倡导尚俭节用，反对超出自身生存和自然承受能力的铺张浪费。如何保持社会适度的、可持续的发展，将社会与自然统一起来，是传统文化一直关注的问题。孔子说："子钓而不纲，弋不射宿。"（《论语·述而》）《吕氏春秋》中也有："竭泽而渔，岂不获得？而明年无鱼。焚薮而田，岂不获得？而明年无兽。"对自然要取之以时、取之有度，不能因眼前之私欲而破坏自然界的发展规律。在这里，保护自然、尊重自然，就是为了人类社会的健康可持续发展。荀子也提出："人之情，食欲有刍豢，衣欲有文绣，行欲有舆马，又欲夫余财蓄积之富也，然而穷年累世不知不足，是人之情也。今人之生也，方知蓄鸡狗猪彘，又蓄牛羊，然而食不敢有酒肉；余刀布，有囷窌，然而衣不敢有丝帛；约者有筐箧之藏，然而行不敢有舆马。是何也？非不欲也，几不长虑顾后而恐无以继之故也。"（《荀子·荣辱》）人畜养牲畜却不舍得吃酒肉，有余钱而不敢穿丝帛、乘车马，并不是人们不懂享受，而是抑制当下的欲望，从长远考虑，以便持续现在的生活，再者应对未来的困顿。在这里，荀子提出人的行为和社会活动都要以尊重自然规律为原则，以节欲和善蓄为行动的旨归。这一论述反映了朴素的社会发展观念，也包含了丰富的生态智慧。管子也提出："春无杀伐，无割大陵，倮大衍，伐大木，斩大山，行大火，诛大臣，收谷赋。""夏无遏水，达名川，塞大谷，动土功，射鸟兽。""春政不禁，则百长不生。夏政不禁，则五谷不成。"（《管子・七臣七主》）无论是"春禁"还是"夏禁"，都强调在春夏生物繁衍、发育之际应休养生息，不应大肆捕猎，反之将影响物种延续进而影响人与自然的可持续发展。

安居稳定一直是齐鲁先民追求的生活理想，以"耕读传家"为荣，以穷兵黩武为戒，主张人、自然、社会三者协调统一，体现了安天乐土的生活旨趣。这在齐鲁文化中逐渐形成了"和"的观念，这一思想不仅是古人向往的人生理想，而且蕴含着丰富的生态智慧。与自然保持和谐的关系是齐鲁文化中和谐思想的有机组成部分。齐鲁文化认为人类要遵循并维护自然生态系统的法则，不能破坏自然环境，这既是人的外在行动的准则，也是内在德行的要求。物质文明的发展应顺应天道，物欲过于膨胀则会损害天理，人生的最高追求应体现为对天地境界的把握和体认。只有保护生态环境，才能保持人与自然的和谐共存；只有形成和谐、统一的天人关系，才能保证人类的生存和发展。

早在西周时期，周太史史伯就阐发了"和而不同"的观点，并提出了"和实生物"的思想。史伯认为和是"以他平他"，它是不同事物相互影响、相互作用形成的动态平衡，这种状态能够“丰长而物归之”，不断产生新的事物使世界充满生机和活力。以儒家思想为代表的鲁文化从人性与天道统一的角度阐发了生态和谐的思想。《礼记·中庸》指出，“惟天下至诚，为能尽其性；能尽其性，则能尽人之性；能尽人之性，则能尽物之性；能尽物之性，则可以赞天地之化育；可以赞天地之化育，则可以与天地参矣”。天地自然有自身的运行规律，其运行的法则为天道，是人类社会效法的对象。只有遵循天道，将人之性与物之性统一起来，人才可以赞天地之化育，与天地保持和谐，并实现自身至诚的修养。孔子就曾赞叹天地造化的神奇，说“天何言哉？四时行焉，百物生焉，天何言哉？”孟子也特别强调把握自然规律的重要意义，反对人们肆意破坏生态环境。他认为“苟得其养，无物不长；苟失其养，无物不消”。他站在统治者治国的角度，认为合理使用自然资源，适度地为人们的生产生活提供必需的资料，是治国王道的基础。他说：“不违农时，谷不可胜食也；数罟不入洿池，鱼鳖不可胜食也；斧斤以时入山林，材木不可胜用也。谷与鱼鳖不可胜食，材木不可胜用，是使民养生丧死无憾也。养生丧死无憾，王道之始也。”（《孟子·梁惠王上》）齐文化中关于人与自然和谐的思想，建立在社会长治久安的基础上，体现出实用主义的观念。管子认为，社会的发展必须依赖自然提供的现实资源和客观条件，不能超越物质条件的限制。在掌握自然运行发展和谐有序的客观规律的同时，又指出了人应当发挥主观能动性，主动地与自然协调，要做到“知天”“得道”“顺天”“用道”。“人与天调，然后天地之美生”《管子·五行》，“柔风甘雨乃至，百姓乃寿，百虫乃蕃”《管子·四时》，“天为粤宛，草木养长，五谷蕃实秀大，六畜牺牲具，民足财，国富”（《管子·五行》）。如果违背了自然的规律，僭越了人类的本职，就会出现“阴阳不和，风雨不时，大水漂州流邑，大风漂屋折树，火暴焚，地燋草，天冬雷，地冬霆。草木夏落而秋荣，蛰虫不藏，宜死者生，宜蛰者鸣，苴多螣蟆，山多虫螟。六畜不蕃，民多夭死，国贫法乱，逆气下生”（《管子·七臣七主》）等祸患。

天人和谐不是以人与自然的二分为前提的。在齐鲁文化的自然观中，天人合一是人对待自然与自身之关系的基本思想。在自然界中，人与万物相互联系成为一个动态的、和谐的整体，各有其位、各有其职，共同支撑着生态世界的生生不息。如果自然的系统被破坏，那么整个自然界的和谐就会被打破，生态链中的每一个成员都将承受恶果。从整体上看待天人关系，人是自然界的一部分。天人合一的生态观念深刻地融合在齐鲁文化中，在社会生态和民生生态中都有非常丰富的内涵。上古先民在生产劳动中意识到自然环境对农业活动会产生巨大影响，进而对天人之间的关系进行了思考。在《诗经·大雅·烝民》中，就有“天生烝民，有物有则。民之秉彝，好是懿德”的诗句。天人是相通的，人的德行和品性来自于上天，天地有其固有法则。儒家向来把天地自然看作大化流行的有机整体，看作人类赖以生存的根本条件，认为人类对自然的态度应该是寄予深切的关怀与同情，个人通过自身的道德修养，将心灵融入宇宙，建立一种与天地共存的完满境界。“若用之以顺，则两仪序而百物和，若行之以逆，则六位倾而五行乱。”因此，“王者，动必则天地之道，不使一物失其性；行必协阴阳之宜，不使一物受其害”（《周易正义·序》）。《左传》中也提到“民受天地以生”。这些说法都包含了人的生命与自然环境不可分离的思想，强调了人与万物共生的特点。荀子虽然提出“明于天地之分”的思想，但是并没有抛开“天人合一”来孤立地看待人类社会的发展。他肯定了人的活动要以自然的客观规律为前提，并以此为基础提出了“制天命而用之”的观点。成书于春秋战国时期的《易传》，提出了“天人合德”的思想，进一步深化了天人之间的关系。《周易》将天、地、人视为三才，各个卦象相互构建组成的世界体系，都是对天、地、人相互作用、相互影响的图示化表达。“天、地、人三者各有其道，但又是相互对应、相互联系的，这不仅是一种‘同构’关系，而且是一种内在的生成关系和现实原则，天地之道是生成原则，人之道则是现实原则，二者缺一不可，在这一点上，天、地、人真正统一起来了。”[①] 人和自然界的一切都从属于生态系统，彼此依靠而又各安其职。这在《周易》中被表述为“财成辅相”之说。世间万物虽各有不同，却并非孤立存在，而是以各种方式相互联系，形成一个整体。人只有从德行出发，遵循万物的生长规律，将人道与天道结合起来，才能“财成天地之道，辅相天地之宜”。

汉代大儒董仲舒将周代以来的天道观和阴阳、五行学说结合起来，提出了“天人感应”的学说，深化拓展了天人合一的理论，丰富了齐鲁文化中的天道自然的思想。他认为，天和人同类相通，相互感应，天能干预人事，人也可以感应上天。“天有阴

① 蒙培元：《人与自然——中国哲学生态观》，人民出版社2004年版，第114页。

阳，人亦有阴阳。天地之阴气起，而人之阴气应之而起；人之阴气起，而天之阴气亦宜应之而起，其道一也。”（《春秋繁露·同类相动》）因为天与人都有阴阳之气，天人互动在于气之交感，因此人与自然可以通过相互感应而影响对方。他根据《春秋》记载的史实进行了阐发，提出了天人相互作用的关系，并把它提高到治国理政的高度。“臣谨案春秋之中，视前世已行之事，以观天人相与之际，甚可畏也。国家将有失道之败，而天乃先出灾害以谴告之；不知自省，又出怪异以警惧之；尚不知变，而伤败乃至。以此见天心之仁爱人君而欲止其乱也。”（《汉书·董仲舒传》）如果国家将要发生背德乱政的坏事，那么上天就会先降下灾害以谴责和提醒；如果不自省、不悔改，上天就又会生出怪异之事来警告和恐吓；如果仍旧不知悔改，那么更大的伤害和败亡就会降临。这就是说，自然界的一些现象能够对统治者起到约束和警示的作用。宋儒张载也发挥了天人合一的思想，他以天人合一解释儒家的诚明思想，“儒者则因明致诚，因诚致明，故天人合一，致学而可以成圣，得天而未始遗人”（《正蒙·乾称》），要求人在道德精神层面上与自然万物统一起来。齐鲁先贤们认为人与自然不是敌对的关系，而是亲密的关系，不是相互对立，而是共存共生。这一思想对于今天的人类探寻新的生存模式具有积极的意义。在齐鲁文化中，天人合一将天地自然看作最高的精神家园，是一种极富民族特色的文化传统。

由于齐鲁大地有宜居的环境和丰富的资源，生活在这片土地上的人们尊重自然、爱护家园，从不同的角度思考如何构建人类理想的栖居家园，对理想的自然家园做了比较丰富的描绘和展望。远古时期，齐鲁先民就有了围绕农业生产而形成的相对成熟的家庭居住格局和庭院经济的生产模式。孟子就曾提出“五亩之宅”，指称以堂室、栏厩、宅院为结构的家庭居住模式。北魏青州人贾思勰在《齐民要术》一书中，非常详细地记载了庭院经济的不同方面的内容，对树果的培植嫁接、禽畜的饲养医治、农业副产品的加工等均有所涉猎。齐鲁传统的庭院经济中包含着丰富的生态智慧。在长期的庭院经济中，齐鲁先民养成了深厚的家园意识和生态情怀，而无疑家园的建设则来自于大自然无私的馈赠。如何建立一种符合自然规律和生态规律的栖居之地，是人们思索生存方式的一个重要问题。关爱自然与家园建设是结合在一起的。北齐琅邪人颜之推提出，“稼穑而食，桑麻以衣。蔬果之畜，园场之所产；鸡豚之善，埘圈之所生”，“能守其业者，闭门而为生之具以足”（《颜氏家训·治家篇》），“筑室树果，生则获其利，死则遗其泽”（《颜氏家训·名实篇》）。在颜之推看来，百姓日用皆来自于周围的自然环境，吃的食物来自于自己种植的庄稼，穿的衣服来自于自己种植的桑麻；蔬菜果类是园子里生产的，鸡猪等禽畜类是圈养的。因此能守住家园，生活基本上就能够自给自足了。自然的馈赠不仅有禽畜、果蔬和桑麻，庭院内外还有漆树、榆树等经济树种，这极大地提升了齐鲁先民的生活质量。如榆树春生榆荚，可以用来解救饥荒。《齐民要术》称：“能种（榆）千顷，岁收千匹。”漆树可以提供制漆的原料，是人们谋生的重要资源。在几千年的发展历程中，齐鲁先民同自然共处，对树果六畜倾注了很多的情感和辛劳，也得到了丰厚的回报。在他们眼中，这些自然的馈赠早已不再是简单的生活资料，而是被赋予了丰富的文化内涵，在此基础上形成的独特的伦理观念、价值尺度和人生哲思，逐渐演化为齐鲁文化独特的文化载体和符号。树果六畜是庭院中不可分割的成员，已经成为家园的代表和象征，是齐鲁先民家园意识的折射。此外，万物有灵的思想也在这些自然的家庭成员身上表现出来。在齐鲁文化中，树果往往会被赋予生命的意义，具备属人的价值，禽畜也具有了人的名分，承担着各种社会功能。如桃李被称为“弟子”，槐树被看作“三公”，石榴寓意多子，而桃子、李子、杏子均以“子”命名。人与禽畜互名就更为常见，据颜之推讲，“北土多有名儿为驴、驹、豚子者”。如孔子的儿子就取名为“鲤”，其弟子名为司马牛。这种思维方式及全部内容，也反映了齐鲁文化的基本精神，传达出齐鲁文化中的生态内涵。

齐鲁文化是中华文化的重要组成部分，其生态思想对于我国生态文明建设具有非常重要的支撑作用。我们不仅要从齐鲁文化中提取丰富的智力资源，如对自然的亲和思想、生态家园意识、生成论思想、整体论观念等生态元素，而且要在文化实践中不断深化我们对齐鲁生态文化的体认。面对内涵丰富而具有鲜活生命力的齐鲁生态文化，我们需要不断挖掘其深层的生态内涵，结合当前的现实，在当前的语境下对传统的文化资源进行现代阐发。从路径和原则上看，对于齐鲁文化中的生态内涵进行挖掘和阐发，需要进行去粗取精、去伪存真的文化还原，要有融汇古今的现代视野，要不断激发传统生态文化的内生活力，还要倡导开放的、包容的生态文化价值观念。

首先，文化还原是我们在挖掘阐释传统文化时的一个基本方法。齐鲁文化中的生态观念是在特定的时代语境和文化背景下生成的，是不同时期齐鲁人民对于人与自然关系切身感受的传达，具有鲜明的文化特色。经历了数千年的发展，齐鲁大地孕育出形态各异的文化产品，其中既有以完备且体系化的理论形式存在的文化品类，如儒家思想、墨家思想、运河文化、泰山文化等，这些文化品类被历代统治者或思想家所重视，并不断地被丰富和阐发，继而成为齐鲁文化的主要表现形式；也有隐于百姓日常生活的文化形态，如饮食中的礼节，言谈对话中的讲究，节庆活动中的仪式以及穿衣打扮中的规矩等，这些文化习俗被齐鲁先民世代传承，融汇成了齐鲁文化的独特风貌。这些不同的文化品类一方面具有其时代合理性和现实必然性，另一方面又在客观上形成了齐鲁文化多元共存、良莠不齐，且充满内在张力的事实。同时，齐鲁文化在当前不仅面临着传续的问题，同时还肩负着在当代语境中参与现代文化构建的重任。我们应对传统文化中的生态思想进行文化还原，深入其所处的时代进行寻根式的考查，分析其产生的时代意义及不足之处，并在此基础上进行去粗取精、去伪存真的反思与批判，让传统的生态文化真正成为对当代生态文明具有正面的、建设性作用的文化资源。

其次，齐鲁文化中的生态文明建设需要现代视野。这里所谓的现代视野不是建立在西方文明基础上的文化范式。早在20世纪初，西方社会学家和哲学家马克斯·韦伯就有过深刻的反省，他认为西方现代性是一种实质意义上“工具理性”的张扬与膨胀，并非启蒙标举的理性之胜利。本书所提的现代视野，是以中国特色社会主义文化建设为理论前提的现代性尺度，以实现中华民族伟大复兴的中国梦为旨归。此外，现代视野是动态的、不断发展的，是在多种现代文化因素相互作用下动态生成的。当传统文化进入现代文明的视野，传统的因素也可以转化成为“现代的”，甚至可以成为引领现代文化的潮流。金耀基就认为，中国的新文明是“现代的”，也是“中国的”。齐鲁文化中的生态内涵就兼具传统性与时代性，既是传统文化的有机组成部分，又能够通过合理的利用解决现实的问题。因此，我们一方面要维系齐鲁文化的文脉，传承传统文化精粹，另一方面要重新接受和构建一整套当代的知识体系，在新的思维方法、叙述习惯中找到合乎当代品格的言说方式。

第三，作为一个时间性的概念，传统是一个不断发展、丰富并自我更新的过程，它内化于人们代代相传的实践活动，并在实践的过程中产生新的意义。可以说，传统文化是活生生的存在，它存在于文化传统中，不断赋予当下的文化以传统的内涵，同时又跟随社会发展不断调整。对于齐鲁传统生态文化，我们要不断激发其内生活力，从注重文化的记忆转变为注重文化的动力。从齐鲁传统生态文化的“活化”上来看，需要一系列行之有效的措施，对传统的文化因素进行合理的现代包装，对传统的话语模式进行现代的表述，从不同的层面激发齐鲁优秀传统生态文化在当下文化发展中的内生活力和参与度。

最后，我们在进行齐鲁传统生态文化的挖掘与阐释时，既要重视生态文化观念的整体性和自洽性，又要看到生态观念存在多样性和矛盾，要实现系统性与开放性的有机结合。这也符合齐鲁文化自身的特点。齐鲁文化诞生伊始，以西周文化为主导，又融合了土著文化和部分殷文化。在以后的长期发展中，齐鲁文化不断吸收和融合各种文化成分，沿着多元化的方向发展。《史记》就有多处记载了齐鲁文化的多样与繁荣，如“自驺衍与齐之稷下先生，如淳于髡、慎到、环渊、接子、田骈、驺奭之徒，各著书言治乱之事，以干世主，岂可胜道哉”！这种多元与包容的文化品格渗透到齐鲁文化传统的血脉中，支撑着齐鲁文化枝繁叶茂、长盛不衰。今天，我们更应该注重这种多元的文化品格，以包容和开放的态度进行生态文明建设。

第一章 生生之德

在中华文化中，“生”是非常重要且独特的范畴。“生”的内容非常丰富，从字源上考察，可以看到，“生”包含着“生成”“生命”“生长”“生发”等多重内涵。《广雅》曰：“生，出也。”《说文解字》曰：“生，进也。象草木生出土上，凡生之属皆从生。”在这里，生就是生命的呈现，是以草木从土壤中生发出来为象征的生命的绽放。从本质上讲，生态就是生命的不断生成、发展与创化。生成与发展是生态世界的必然规律，在这个意义上看，“生”是生态存在的基础，通过不断生成新的生命而促进自然的常变常新。《大戴礼记·本命》指出：“分于道谓之命，形于一谓之性，化于阴阳，象形而发谓之生。”①

宇宙生命体一直处在“生生不息”的状态中，对宇宙万物生成生长的界定和阐发是中华文化的核心话题。“‘生’的问题是中国哲学的核心问题，体现了中国哲学的根本精神。无论道家还是儒家，都没有例外。我们完全可以说，中国哲学就是‘生’的哲学。”“‘生’的哲学是生成论哲学而非西方式的本体论哲学。”②宇宙自然“生生相续”“生生无穷”，导致天地万物始终处于生成和发展的过程之中，带来了天地万物的生生不息。由此可以看出，“生生为易”从生态的意义上可以理解为宇宙生命的生长与生存发展之理，它反映了古人对于宇宙生命体自由生长的推崇，从伦理道德的意义上明确了人类社会与自然世界的价值统一。司马光说：“天地之大德曰生，故圣人赞之曰‘复见其天地之心乎？’言天地虽一往一来，本以好生为心也。”宋代张浚也将天地之德总结概括为“天地好生大德”。显然，这样的天地之大德本质上就是生生之德、好生之德，是对于天地万物的一种仁爱精神。因此，“生生之德”就是一种对于人和万物的仁爱精神。“生生”在内涵上与美国学者利奥波德所提出的大地共同体十分相似。在这里我们可以把生命生成的整体视为生态伦理所讲的生态共同体，在这个统一体中，人类与非人类世界（the non-human world）是相互依存的，人类的福祉和非人类世界的健康和整个生态圈的健康在根本上是一致的。

① 王聘珍：《大戴礼记解诂》，中华书局1983年版，第250～251页。

② 蒙培元：《人与自然》，人民出版社2004年版，第4页。

第一节 生生之德与齐鲁文化

弘扬生生之德，追求好生仁爱，坚持仁被万物、天人同德，正是齐鲁文化最优秀的精神传统。生生的观念渗透在齐鲁文化之中，蕴含着丰富的生态思想，对当前的生态文明建设具有重要的意义。齐鲁文化对天地自然有一个根本的认识，即承认一切事物都是在不断生成、不断变易的过程之中。从齐鲁文化的滥觞之处，我们就可以了解齐鲁先民对世界生长变化的最原始的感受。早期齐鲁文化中的太昊与少昊部族便有太阳崇拜的习俗，体现了图腾崇拜的古老风习。当太阳崇拜盛行之时，东夷诸部落统称为昊族。对太阳的崇拜，说明了先民们对于万物生命之根源的重视，他们以为太阳具有能使万物复苏、生长的力量，甚至视之为丰产的主要赐予者。中国古人认为，太阳崇拜与火有密切关系，一切人间之火都源自于太阳神火。甲骨文中的“光”字，上从“火”，下从“人”，像人下跪拜祭火的样子，这也正说明了太阳崇拜与火的关系。而火是变动不居的，处于永恒的生成之中。古希腊哲学家赫拉克利特认为永恒的活火是世界的本原。在这一点上，东西文明不谋而合。此外，早期文明的出现也正是圣人在对天地生生不息的变化的观察体悟中总结出来的。“古之时，未有三纲六纪，民人但知其母，不知其父。能覆前不能覆后。卧之詓詓，行之吁吁，饥即求食，饱即弃余，茹毛饮血，而‘衣’皮苇。于是伏羲仰观象于天，俯察法于地，因夫妇，正五行，始定人道。画八卦以治下，下伏而化之，故谓之伏羲也。”（《白虎通义·号》）从这里我们可以看出，生生不仅指自然现象本身，还具有社会伦理价值。“夫妇”“五行”等人类社会伦理都是从自然的生命生成中衍生出来的，自然在圣人那里被认为是人类一切道德的总根源。“生生”不仅是自然万物外在的生存发展，而且与人的内在德行也是统一的。《周易·系辞下》提出“天地之大德曰生”。“大德”乃指最基本、最具有普遍价值的性格、功能与品行。孔颖达注疏此句曰：“以其常生万物，故云大德也。”程颢倡导人应当“继善成性”。“生生之谓易，是天之所以为道也。天只是以生为道，继此生理者即是善也。”（《河南程氏遗书·卷二上》）这一点可以从齐鲁文化中的祭祀文化看出来。

春秋时期，齐、鲁两国在祭祀中都有对天地的拜祭。据儒家典籍《礼记》记载，当时除了人鬼之祭（即祖先崇拜），还有名目繁多的祭天、祭地、祭日、祭月、祭星、祭寒暑、祭水旱等。“埋少牢于泰昭，祭时也。相近于坎坛，祭寒暑也。王宫，祭日也。夜明，祭月也。幽宗，祭星也。雩宗，祭水旱也。四坎坛，祭四方也。山林、川谷、丘陵能出云。为风雨。见怪物，皆曰神。有天下者祭百神。”（《礼记·祭法》）鲁国大夫柳下惠说：“夫圣王之制祀也，法施与民则祀之，以死勤事则祀之，以劳定国则祀之，能御大灾则祀之，能扞大患则祀之。非是族也，在祀典……加之以社稷山川之神，皆有功烈于民者也；及前哲令德之人，所以为明质也；及天之三辰，民之所瞻仰也；及地之五行，所以生殖也；及九州名山川泽，所以出财用也。非是，不在祀典。”在这里，柳下惠明确了祭祀的对象都要有“功烈”于民，与人在某种“善”的伦理品质上有关联。祭祀不仅仅是对天地崇敬的仪式性的表达，期望从祭祀的仪式中获取现实的利益，也包含着对于祭拜主体的德行的要求，通过祭拜实现人与天和，人能够通过一系列的参拜形式参与到宇宙的大化流行之中。在西周春秋时期，人既重“天”又重“德”。由于天命靡常，人与天的交往存在着诸多的变数，人可以而且必须通过某些仪式化的行为参与宇宙万物的生命流转，同时人又必须发挥自己的内在道德才能“知天”“顺天”，才能保民而王，才能“以德配天”。在这里，“天”的概念已经发生了重大的变化，它既具有自然万物生生不息的形式，同时又是确保万物生生不息的内在动力，为“天地之大德”。“天行健，君子以自强不息。”通过不断追求那个永远处于生成之中的宇宙生命，人感怀上天和顺从天命，并要不断锤炼自己的德行。当然，祭祀作为一种外在的手段，不可过多，亦不可过少。“祭不欲数，数则烦，烦则不敬。祭不欲疏，疏则怠，怠则忘。是故君子合诸天道，春禘秋尝。霜露既降，君子履之，必有凄怆之心，非其寒之谓也。春雨露既濡，君子履之，必有怵惕之心，如将见之。乐以迎来，哀以送往，故禘有乐而尝无乐。”（《礼记·祭义》）因此，对于人而言，祭祀的目的还在于“君子合诸天道”，通过仪式性的实践去体悟天地之“生生大德”。我国当代学者赵馥洁认为：“传统哲学的本体论并非以宇宙的本质为认识的根本目标，而是借‘天道’以明‘人道’”；中国传统哲学的本质特征是“自然与人伦合一，知识与道德融合，宇宙法则与治世规范统一，‘必然’原理与‘应然’判断贯通”。[①]

齐国的祭祀崇拜则更为复杂，据《史记·封禅书》记载，齐国有天、地、兵、日、月、阴、阳和四时八神祭祀。除此之外，还有对自然界的日、月、山、川、雷、电的神灵崇拜，有对鸟、熊、鹿等动物的图腾崇拜，有对祖先的灵魂崇拜，也有对最高神天帝的崇拜。在其图腾崇拜中，我们也可以管窥他们对于天地生成变化的认识。如《管子·水地》对“龙”有这样的描述：“龙生于水，被五色而游，故神。欲小则化如蚕蠋，欲大则藏于天地，欲上则凌于云气，欲下则入于深泉。变化无日，上下无时，谓之神。”这段对于“龙”的表述，体现出当时人们对变化无常的事物的神秘感受。齐国境内多山，常以“陵溪立鬼神而谨祭”（《管子·侈靡》）。齐国以羊祭山神，以沉玉祭祀水神。此外，齐国还祭祀大海。这些祭礼都反映出齐国先民对自然的敬仰与敬畏。

“天地之大德曰生”，这一自然与社会相统一的命题一直存在于齐鲁文化中，并在齐鲁文化发展的不同时期以不同的形态呈现出来。秦汉时期，齐鲁大地黄老之学盛行，“道”是黄老思想最高的范畴。“黄老之道”被认为是“万物以生”“万物以成”的物质基础，是万物生生不息的根本动力。魏晋南北朝时期的玄学思想则从辩证的角度探讨了宇宙自然的发展变化，以玄学思辨的方式论证了“有生于无”的辩证法思想。王弼就指出：“凡有皆始于无，故未形无名之时，则为万物之始。及其有形有名之时，则长之、育之，

① 赵馥洁：《中国传统哲学价值论》，陕西人民出版社 1991 年版，第 3 页。

亭之、毒之，为其母也。言道以无形无名始成万物，（万物）以始以成而不知其所以，玄之又玄也。”隋唐时期，吕才根据《易经》构建自己的宇宙观，提出“且天覆地载，乾坤之理备焉；一刚一柔，消息之义详矣。或成昼夜之道，感于男女之化，三光运于上，四气通于下，斯乃阴阳之大经，不可失之于斯须也”（《唐会要》卷三十六）。万物之理、万物之气是在阴与阳、刚与柔的运动中生成的。明清时期，陆王心学也对“万物一体”“格物致知”提出了见解：“所谓致知格物者，致吾心之良知于事事物物也。吾心之良知，即所谓天理也。致吾心良知之天理于事事物物，则事事物物皆得其理矣。致吾心之良知者致知也。事事物物皆得其理者，格物也。是合心与理而为一者也。”（《传习录》中卷）这些思想在中华文化中熠熠生辉，其中，“生生”这一“天地之大德”的民族精神，对当前生态文明建设具有重要意义。

第二节　齐鲁文化典籍中的“生生”内涵

在齐鲁文化典籍中，许多文献名录中都包含非常深刻的生态内涵。这些卓尔不凡的生态思想一直生长于齐鲁文化的沃土中，具有非常深厚的哲学根基和思想底蕴。

一、天生烝民：《诗经》中的“生生”观念

人和自然万物是怎样产生的这一问题，《诗经》给出了“天

生烝民”的答案。这里的“天”既指后来所谓的人格神意义上的上帝，也指大自然。自然赋予了人生命，自然呵护养育了人类。早在殷商时期，人们就认为玄鸟是他们的祖先。《诗经·商颂·玄鸟》记载：“天命玄鸟，降而生商。”这一传说不仅说明了玄鸟是东夷人的最高图腾崇拜，而且体现出东夷人把自己视为自然孕育的生灵的自豪感。《诗经》的这一记载在多处文献中被印证。这一神话在《史记·殷本纪》中是这样说的：“殷契，母曰简狄，有娀氏之女，为帝喾次妃。三人行浴见玄鸟堕其卵，简狄取而吞之，因孕生契。”《吕氏春秋·音初》记载：“有娀氏有二佚女，为之九成之台，饮食必以鼓。帝令燕往视之，鸣若谥隘。二女爱而争搏之，覆以玉筐，少选，发而视之，燕遗二卵，北飞，遂不反。”这些神话都讲述了殷商祖先因玄鸟之卵而生的传奇故事。殷商的始祖为契，其母亲为简狄。在一次沐浴时，简狄见黑色的燕子遗留下了一枚卵，心生喜爱，将其吞下。黑色的燕子本为天帝的使者，而留下的卵也就具有了神明的遗迹。在这里，殷商人的生民信仰一方面反映了他们对于自己高贵出身的自豪，另一方面也反映他们把自己看作天地的恩赐，是从天地大化流行中生成的，受天地之眷顾，承自然之灵秀。《诗经·大雅·生民》曰：“厥初生民，时维姜嫄。生民如何？克禋克祀，以弗无子。履帝武敏歆，攸介攸止。载震载夙，载生载育，时维后稷。”诗中提出，周人是姜嫄向上天祈求，履上帝之迹而生的。这里对于周朝人产生的说法，与《诗经·商颂·玄鸟》的传说有异曲同工之处。古人认为人类生于天，源于大自然，而且为自然所养育。“诞置之隘巷，牛羊腓字之。诞置之平林，会伐平林。诞置之寒冰，鸟覆翼之。”（《诗经·大雅·生民》）后稷作为神的后代，降生之后就得到了上天的眷顾。他的母亲姜嫄不愿抚养他，把他扔在狭小的巷子里，牛羊就一起来给他哺乳，使他免于饥荒；把他扔在树林里，而这时恰巧有人来砍树，将后稷救起，交还姜嫄；姜嫄又把他置于寒冰之上，这时鸟儿展翅保护他，为他取暖。这段诗句讲述了牛羊哺育后稷，鸟儿呵护他成长，给我们呈现的不仅是天生烝民的生动图景，而且是人与自然和谐、合一的景象。这就是说大自然保护了人类，人类生于天，养于天，自然是人类的家园和归宿。

此外，《诗经·大雅·灵台》这首诗也表达了人对与天地交流的渴望，因天生万物而产生的喜悦之情。灵台是古时帝王祭拜天地的场所，是向上天表达祈福免灾的热切期望的媒介。这首诗通过描写文王兴建灵台，百姓踊跃参与，反映了当时的人们对于敬天、配天，希望与天地相沟通的美好愿景。“经始灵台，经之营之。庶民攻之，不日成之。经始勿亟，庶民子来。王在灵囿，麀鹿攸伏。麀鹿濯濯，白鸟翯翯。王在灵沼，於牣鱼跃。虡业维枞，贲鼓维镛。於论鼓钟，於乐辟廱。於论鼓钟，於乐辟雍。鼍鼓逢逢。矇瞍奏公。”文王建台，以观天文气象，察妖祥凶吉，此举受到百姓的广泛支持。文王爱惜民力，显其有德善。“不日成之”说明因其德而受百姓爱戴。文王游赏灵囿、灵沼，所到之处，鸟兽虫鱼驯服安详，欢腾跳跃，呈现一派自然安和的景象。先秦时期，人们往往以人的感情来想象和揣度万物，把一切自然物都当成与人平等的生命，对自然有着天然的向往和热爱。这首诗反映了造物之得、山水草木之灵、生命之美好旺盛。“虡业维枞，贲鼓维镛。於论鼓钟，於乐辟廱。於论鼓钟，於乐辟雍。鼍鼓逢逢。矇瞍奏公。”正是体会到了天生万物的神奇造化，人们才将灵台的建设写得生动、热烈。

二、 生生之谓易：《周易》中的生态思想

《周易》是中国古代重要的文献之一，也是齐鲁文化的重要组成部分，由《易经》和《易传》两部分组成。“《周易》对中国哲学和中国美学的发展都很重要”，“《周易》对中国美学的影响，首先不在于它提出的个别直接具有美学意义的概念、范畴，而在它的整个思想体系”。[①]《周易》一书包含非常丰富的生态内涵，蕴含相当深刻的生态思想，这些思想在今天都具有非常重要的现实价值。美国生态哲学家卡普拉曾高度评价《周易》的生态价值，指出“遵循《周易》所指明的‘自然’和谐的平稳变革道路，人类就可以把社会文化变迁的冲突减少到最低程度，比较顺利地度过当代历史转折的危机时期”[②]。

人们常以经典的“三易说”即“简易”“不易”“变易”对《周易》之“易”进行解释。其中“变易”又是“三易”说之主流。《周易》的英文译名就是 *The Book of Changes*（《变化之书》）。在“易”之变易中，我们可以探究生命生成的大义。一切变化皆

---

① 李泽厚、刘纲纪：《中国美学史》（先秦两汉编），中国社会科学出版社 1984 年版，第 285 页。

② ［美］弗·卡普拉：《转折点——科学、社会、兴起中的新文化》，冯禹等译，中国人民大学出版社 1989 年版，第 24 页。

以生命的生成发展为根基。蒙培元曾说：“‘易’的根本精神是什么呢？……其实，《易传》早已经作出了回答，这就是‘生’，即它的生命意义。”[①]《周易·系辞下》说：“天地之大德曰生。”维护生命、保全生命，使生命生生不息、绵延不绝，乃是人们应该遵循的最高道德准则。天地最大的德行是生成万物，或者说化生万物乃是天地的最大品行和功能。

《周易·系辞上》曰：“日新之谓盛德。生生之谓易”，这是“生生”观念最经典的表述。唐代孔颖达《周易正义》释：“生生，不绝之辞……后生次于前生，是万物恒生谓之易也”，明代来知德《周易集注》释“生生”为“始终代谢，其变无穷”。《周易》中“生生之谓易”的内涵非常丰富，从生态的角度来看，主要可以从以下方面解读。

首先，“生生”为“共生”，是指包括人在内的所有自然万物的生成、生长。《周易·系辞下》曰：“《易》之为书也，广大悉备。有天道焉，有地道焉，有人道焉。兼三才而两之，故六。六者非它也，三才之道也。”所谓“三才”在《周易》里指天、地、人三才，相应的“三才之道”专指的是天道、地道、人道，然后三才两两相重而成六卦。《周易·说卦》接着说，“昔者圣人之作《易》也，将以顺性命之理。是以立天之道曰阴与阳，立地之道曰柔与刚，立人之道曰仁与义。兼三才而两之，故《易》六画而成卦。分阴分阳，迭用柔刚，故《易》六位而成章”。蒙培元认为：“客观地说，人是自然界的一部分；主观地说，自然界又是

① 蒙培元：《人与自然》，人民出版社2004年版，第116～117页。

人的生命的组成部分。在一定层面上虽有内外、主客之分，但从整体上说，则是内外、主客合一的……人与自然界有更深一层的价值联系：一方面，自然界是人的价值之源；另一方面，人又是自然界'内在价值'的实现者。"[①]"三才之道"乃将人类与自然万物纳入同一个"盛衰与共、荣辱与共"的生态系统，在"生存"层面定下了"人天不离""物我一体"的"共存"基调。"夫'大人'者，与天地合其德，与日月合其明，与四时合其序，与鬼神合其吉凶；先天而天弗违，后天而奉天时。"在此基础上，人与自然的关系就不是对立的，而是相互扶持，相互尊重的。

对自然万物的生命存有仁爱之心，也是一个人良好德行的体现。如《比》卦九五爻辞谈到了"三驱之礼"："九五：显比。王用三驱，失前禽，邑人不诫，吉。"《周易正义》对"三驱之礼"有如下之解释："凡三驱之礼，禽向己者则舍之，背己者则射之，是失于'前禽'也。"在捕获猎物时，人不能对其赶尽杀绝，即使野兽在地里糟蹋庄稼，人也应该表现出"好生之德"。《师》卦六五爻辞亦反对"赶尽杀绝"的行径："六五：田有禽，利执言，无咎。长子帅师，弟子舆尸，贞凶。"《太平经》说："天者，常乐生，无害心，欲施与"，"乐生无为"。程颢说："'生生之谓易'，是天之所以为道也。天只是以生为道，继此生理者，即是善也。"（《河南程氏遗书》卷二《二先生语上》）。戴震在《孟子字义疏证》一书中说："仁者，生生之德也""由其生生，有自然之条理""惟条理，是以生生；条理苟失，则生生之道绝"。康有

① 蒙培元:《人与自然》,人民出版社 2004 年版,第 6 页。

为在《中庸注》中也曾指出：“仁……在天为生生之理。”

其次，“生”又意味着阴阳和合，天生万物。《周易·系辞下》曰：“八卦成列，象在其中矣。因而重之，爻在其中矣。刚柔相推，变在其中矣。”这句话告诉我们：《周易》以阳爻和阴爻两种符号排列组合而成八卦，宇宙间所有的事物都包含在八卦之中，然后再由圣人根据八卦两两相重，重新排列组成六十四卦，从而演化出整个宇宙。《周易·系辞上》曰：“一阴一阳之谓道。继之者善也，成之者性也。仁者见之谓之仁，知者见之谓之知，百姓日用而不知，故君子之道鲜矣。显诸仁，藏诸用，鼓万物而不与圣人同忧，盛德大业至矣哉。富有之谓大业，日新之谓盛德。生生之谓易，成象之谓乾，效法之谓坤，极数知来之谓占，通变之谓事，阴阳不测之谓神。”在这里，《周易》明确了天地化生的内在机理，把自然万物的生生不息归结为阴阳二气的细缊和合。《周易·系辞下》说：“天地细缊，万物化醇；男女构精，万物化生。”孔颖达注曰：“细缊，相附著之义”，“唯二气细缊，共相和合，万物感之，变化而精醇也”，“构，合也，言男女、阴阳相感”，“故合其精而万物化生也”。周敦颐的《太极图说》亦解曰：“二气交感，化生万物，万物生生，而变化无穷焉。”在《周易》所描述的世界中，天地自然呈现为一幅充满创造性，富有生机的生态图式。“日往则月来，月往则日来，日月相推而明生焉。寒往则暑来，暑往则寒来，寒暑相推而岁成焉。往者屈也；来者信也；屈信相感而利生焉。”（《周易·系辞下》）“无往不复，天地际也。”（《周易·泰·象传》）“日中则昃，月盈则食，天地盈虚，与时消息。”（《周易·丰·彖传》）“反复其道，七日来复……复其见天地之心乎。”（《周易·复》）生态系统是一个周而复始，充满活力和创造力的宏大图景。阴阳和合不仅创生天地，赋予万物生命；而且让自然万物自由地生活，通过阴阳永无休止的交互作用，呵护并且维系自然万物旺盛的生命力。《周易·系辞上》曰：“夫《易》广矣大矣，以言乎远则不御，以言乎迩则静而正，以言乎天地之间则备矣。夫乾，其静也专，其动也直，是以大生焉；夫坤，其静也翕，其动也辟，是以广生焉。”大地滋养万物，赋予一切生命生存的基础和条件，在宇宙不断变化发展的洪流中实现万物循环。而宇宙生命需要永远在《周易》所构建的天人、阴阳、刚柔等二元关系中实现循环往复的生命流动。据此，《周易》以泰否对阴阳之间的关系与天地生长做了界定。《周易·泰卦·彖传》曰：“泰，小往大来，吉亨，则天地交而万物通也，上下交而其志同也。内阳而外阴，内健而外顺，内君子而外小人。君子道长，小人道消也。”如果天地交而万物通，阴阳的关系处于平衡的状态，就是好的，谓之吉亨；反之，于万物的生长发展有损，于人的德行有亏。《周易·否·彖传》曰：“否［之匪人］，不利君子贞，大往小来，则是天地不交而万物不通也，上下不交而天下无邦也。内阴而外阳，内柔而外刚，内小人而外君子。小人道长，君子道消也。”

最后，天地交感、生生不息。《周易·乾·彖传》曰：“乾道变化，各正性命；保合太和，乃利贞。”这是对于“利贞”的解释。天所赋为命，地所受为性，天道变化使得万物各得其所，万物由此各有其品性，万物通过相互协调并济，形成了最高的和谐，称为“太和”。包括人在内的万物在相和的过程中，各自不失其本性又不相妨害。我国学者徐衡醇说："生态美作为对人的生命过程的展示和体验，是审美主体与审美对象的同一。当人把审美的目光转向自身的生态过程，也可以从时间的流转中获得一种人与自然交融的生命体验。"① 人与自然的这种"交感共生"的关系要求人类应以生态情怀和审美心态善待万物。《周易》提出，万物皆可和谐相处，哪怕是毒蛇猛兽，我们也可以创造条件与之和谐共生。《周易·履》给出四种"虎不伤人"的缘由："初九。素履，往无咎。""九二。履道坦坦，幽人贞吉。""九四。履虎尾，愬愬，终吉。""上九。视履考祥，其旋元吉。"通过对"卦象"进行解读，我们大略可理解为在面对凶狠的动物时，只要人们以"仁"心相待，彼此间就会产生感应，最终就能达成一个"元吉"、和谐的景象。

三、"一气能变曰精"：《管子》的"生生"思想与生态观念

《管子》一书是稷下学宫百家思想交汇的产物，吸收融合了之前诸家的思想观念而自成一家。《管子》是研究管仲思想的一部重要著作，但《管子》并非出自管仲之手，而是战国秦汉学者多人的著作。"……就管仲创说而论，时在春秋；就稷下成书而论，时在战国；就轻重诸篇的问世而论，则时在西汉。"②《管子》强调"因循"之用，以客观事实为依据，尊重事态的变化趋势，

① 徐衡醇：《生态美学》，陕西人民教育出版社2000年版，第143页。

② 赵守正：《管子通解》，北京经济学院出版社1989年版，第12页。

同时又集百家之长，客观认识不同学派的思想。

《管子》一书中包含着丰富的宇宙生成论的观点。首先，在宇宙天地生成方面，《管子》较多地吸收了老子的观点，以“道”为宇宙万物的终极本源。道以虚无的状态存在，以无而生有，天下万物都是从无名无形的虚无中生成的。《管子》中关于这一点的论述有很多。《管子·心术上》说：“虚者，万物之始也。”《管子·内业》中提出，“凡道无根无茎、无叶无荣，万物以生，万物以成，命之曰道”。但是这里的“道”又融入了儒家的观点。《管子·心术上》曰：“虚无无形谓之道。化育万物谓之德。”作为天地之始的道，不仅生成万物，而且化育万物。“天道”不但是自然自身的运行规律，也是人的价值本原，又是人行为的终极依据，“天道”与“人道”密不可分。这一点与《周易》所提出的“生生之德”相契合，认为人应该提高自身的道德修养，在参与生成万物的过程中实现自身的道德品质的提升；同时又论证了人应该探索天地万物自然生成的客观规律，应根据自然的法则行事。在《管子》这里，主要还是从符合自然的客观规律的角度来探讨人与自然的关系，而不是从人的内在德行的修炼出发去寻求“以德配天”，这一点非常接近黄老的思想。应天顺命是有德者、有智者的基本要求，“尊天”是与“受命”联系起来的，而“贵风雨”也要根据“风动”这一自然的征兆。《管子·版法解》说：“万物尊天而贵风雨。所以尊天者，为其莫不受命焉也。所以贵风雨者，为其莫不待风而动，待雨而濡也。”因此，人在天地之间应该遵循天地的法则，只有顺从天地，才能够生存下去，否则就会和自然一起消亡。《管子·形势》说：“其功顺天者天助之，而功逆天者天违之。天之所助，虽小必大；天之所‘违’，虽成必败。顺天者有其功，逆天者怀其凶，不可复振也。”《管子·形势解》解释说：“明主上不逆天，下不圹地，故天予之时，地生之财。乱主上逆天道，下绝地理，故天不予时，地不生财。”

其次，道生成万物是阴阳和合的结果，这一点与《周易》中的阴阳二气的细缊和合非常相似。“春夏秋冬，阴阳之推移也。时之长短，阴阳之利用（作用）也。日夜之易，阴阳之化也。然则阴阳正矣，虽不正，有余不可损，不足不可益也。天地，莫之能损益也。”（《管子·乘马》）天地万物就是通过阴阳的相生相荡、不断进行而产生的，在自然界广泛地存在着盈虚、合离等对立因素的相互转化。这种转化是有客观规律的，人应该从自然的变化中见微知著，从相互对立的条件中发现自然的规律。“日极则仄，月满则亏。极之徒仄，满之徒亏，巨之徒灭。孰能己亡乎？效夫天地之纪。”（《管子·白心》）在了解了诸如“日极则仄，月满则亏”的生生之道后，人就可以谋而后动，在遵循自然规律的基础上发挥人的主观能动性。《管子》的五行相生说，不仅仅表达了人与阴阳五行相互比附的思想，也说明了人要按照四时变化的规律来活动。《管子·四时》提出：“圣王务时而寄政”，君王发布命令需要符合四季的规律，行事合于四时，就会成功；政令悖于节令，则会失败，正所谓“夏行春政则风，行秋政则水，行冬政则落”。正是在这种认识的基础上，《管子》不仅阐述了五行配四时的观点，而且提出四时之政的转化也是五行相生、五德终始的结果。《管子·侈靡》说：“夫运谋者，天地之虚满也，合离也，春秋冬夏之胜也，然有知强弱之所尤，然后应诸侯取交。”可见，天地自然与人类社会有着密切的关联。在《管子》这里，虽然没有像儒家所宣扬的，将天地生生之道提升到人的生存境界的层面，但是自然规律与社会规律，自然的生成条件和人类社会的生存法则却高度地统一起来。《管子》提出在效法、顺应“天道”的基础之上，发挥人的主观能动性，利用天道，达到“人与天调”。“当春三月……毋杀畜生，毋拊卵，毋伐木，毋夭英，毋拊竿，所以息百长也……夏赏五德，满爵禄，迁官位，礼孝弟，复贤力，所以劝功也。秋行五刑，诛大罪，所以禁淫邪，止盗贼。冬收五藏，最万物，所以内作民也。四时事备，而民功百倍矣。”（《管子·禁藏》）《管子》强调按照自然规律办事的终极目的，还是为人类社会服务，在掌握自然规律的基础之上消除自然灾害。这也是一种积极的生态理念。

第三节　齐鲁诸思想流派中的“生生”思想

早在先秦时期，齐鲁大地上就产生了诸多思想流派，它们对于齐鲁文化的产生与发展起到了非常重要的作用。“先秦齐、鲁两国文化的突出特色，在于春秋战国时期是中国思想文化的重要中心地，诸子百家有许多在这里滥觞其源，形成学派之后又以这里为争鸣的舞台，从而相互激荡，浩瀚其流。”[①] 这些思想流派都

---

① 杨朝明、于孔宝：《齐鲁文化通史·春秋战国卷》，中华书局2004年版，第60～61页。

或多或少地论及宇宙生成论的思想，并对自然生成的理论、关爱自然生命的思想提出了许多值得后世借鉴的内容。儒家思想的“生生之谓易”、黄老学派的“万物所处，造于太一”等观念都丰富了“生生”的生态思想。

一、儒家思想中的“生生”观念

儒家思想作为齐鲁文化中的显学，非常重视宇宙之生生的观念。儒家思想认为，生生之道至大至广，是天地生成与变化的依据，是万物化生的根本动力。《周易》是讲“宇宙之生”的，将生视为天地之间最高的德行，“天地之大德曰生”，“生生之谓易”。生生成天地之大德，是宇宙万物化生的根据。《周易》的核心内容和它所体现的生态智慧就集中体现在“生生为易”这个著名的命题中。第一个“生”是个动词，是使生长的意思；第二个“生”是名词，是生命、生存的意思。它亦是《周易》所要阐发的主要内容，即生命的产生、发展及相生相克的运动规律。“易”也是个动词，指“生命的生长变化”。在《易传》中，“生”是整个宇宙（天地）的首要特征，是对整个宇宙生成机理的终极把握。胡瑗在《周易口义》中说：“生生者，阴生阳，阳生阴也……是生生相续而不绝也。”在宇宙阴阳相生的大化流行中，虽然“范围天地之化而不过，曲成万物而不遗。通乎昼夜之道而知”（《周易·系辞上》），却没有既定的规则和方法。孔子也非常关注“生”的思想。梁漱溟提出：“这一个‘生’字是最重要的概念，知道这个就可以知道所有孔家的话。孔家没有别的，就是要顺着自然的道理顶活泼顶流畅地去生发。他以为宇宙总是向前生发的，万物欲生，即任其生，不假造作必能与宇宙契合，使宇宙充满了生意春气。"①

儒家思想认为，世界万物皆来自于一个共同的本源，不论是人还是其他的自然物，皆由这一源头产生。在儒家不同的典籍中，这一本源的界定有所不同。有"天地"本源说，如《周易·系辞下》，"天地絪缊，万物化醇；男女构精，万物化生"，万物生于天地絪缊的过程，是天地按照其规律运行的产物。《中庸》指出，"天地之道，可一言而尽也。其为物不贰，则其生物不测"。《荀子·王制》提出："天地者，生之始也"。《春秋繁露·观德》认为，"天地者，万物之本、先祖之所出也"。这些观点从不同的角度提出了天地即为生成整个世界的总根源。有"太极（或道）生万物"说，如北宋哲学家邵雍认为"太极"或"道"是绝对的"一"，其因"神"而分而为二，产生"数""象""器"，亦即天地万物。"太极一也，不动生二，二则神也。神生数，数生象，象生器"，"有意必有言，有言必有象，有象必有数。象生则言彰，言彰则意显"，"以天地生万物，则万物为万物。以道生天地，则天地亦万物也。道为太极"。有"气论"说，如王夫之、戴震等认为"气"生五行，进而构成万物。王夫之在《思问录·内篇》中提出："天不听物之自然，是故絪缊而化生。乾坤之体立，首出以屯。雷雨之动满盈，然后无为而成。""絪缊而化生"，由于二气交互运动化生万物。戴震认为宇宙万物的本

① 梁漱溟：《梁漱溟全集》（第一卷），山东人民出版社 1989 年版，第 448 页。

源是“气”，“气”又总是处于永无止境的变化流行中，这便是“气化”，而“道”是“气化”之产物。“在天地，则气化流行，生生不息，是谓道；在人物，则凡生生所有事，亦如气化之不可已，是谓道。”（《孟子字义疏证》）在这里，不论是“天地”“太极”“道”，抑或是“气”，都说明儒家认为世界万物皆由一个共同的源头生成。

万物生成之后，经历生长、消亡，又生成的过程，如此循环永世不竭。《周易》就有针对天地气化而生万物的专门论述。《周易》认为，生成是天地阴阳二气的根本属性，因此《周易·系辞下》说：“天地之大德曰生。”《管子·心术上》中也说：“虚无无形谓之道，化育万物谓之德。”所谓生生之“易”，实际就是天地自然的这种“生”与“创”，以及由此而呈现的“生生不息”的运化节律。推陈出新是宇宙发展的永恒动力，这种生成不假外力，乃是自身内在因素相摩相荡、共同推动的结果。《周易》将宇宙化生万物的本源称为元气，元气之下又有“乾元”与“坤元”。《周易·系辞下》称“乾，阳物也；坤，阴物也”。元气可分为阳气与阴气，而二者又是不可分离的，元气与阴阳之气乃是体用关系。北宋张载所谓“一物两体”便是指太极与阴阳二气的统一体。王夫之认为，“天地之化日新”，天地处于永恒的运动生成之中，而日新之化则可分为事物内部渐变的“内化”以及由一事物向另一事物发生质变的“外化”。儒家思想认为，“仁”是一个核心范畴，并且“仁”的观念中体现了生成论的思想。在后期儒家那里，“仁”甚至就已经涵盖了“生”的全部含义。所谓“仁是造化生生不息之理”“气化流行，生生不息，仁也”，宇宙的气化生成只不过是“仁”的表现形式而已。如董仲舒《春秋繁露·王道通三》所言：“仁之美者在于天。天，仁也。天覆育万物，既化而生之，有养而成之，事功无已，终而复始，凡举归之以奉人，察于天之意，无穷极之仁也。人之受命于天也，取仁于天而仁也。”由此可以看出，儒家的宇宙观以动态生成的过程为基本导向，与当今的生态观念具有相互呼应之处。

二、黄老思想中的“生生”观念

稷下学宫是诸子百家尽展风采的舞台，黄老学派即是其中非常有影响力的一个学派。黄老学派与齐文化有着密切的关系，它“培植于齐，发育于齐，而昌盛于齐”[①]。黄老学派继承和发展了黄帝和老子的思想，并兼采阴阳、儒、法、墨等诸家观点。

黄老学派虽然承继了《老子》“道”论的思想，但是放弃了《老子》论“道”重视“本体”的特点。“在深层次学理方面，黄老思潮放弃了《老子》论‘道’重视‘本体’的特点，转而试论‘道’的‘创生’，以‘气’代‘道’，详述宇宙万物的生成过程，最终架构起战国秦汉以下影响深远的中国传统气化宇宙论的基本模式。”[②] 黄老之学更加重视探讨“道”的“创生”，较为系统地对宇宙万物之“生生”进行了描述。

---

① 郭沫若:《十批判书》,东方出版社 1996 年版,第 157 页。
② 陈丽桂:《黄老思想要论》,《文史哲》2016 年第 6 期。

"道生一、一生二、二生三、三生万物。万物负阴而抱阳，冲气以为和。"黄老思想以《老子》"道生万物"为出发点，构建了宇宙生成的理论。《老子》的"道"若"玄牝"、似"橐迭"，以虚无的形式存在，而天地万物又是从这一虚空中生成的。如《管子·内业》云："不见其形，不闻其声，而序其成，谓之道"，"道也者，口之所不能言也，目之所不能视也，耳之所不能听也"。又如《管子·心术上》有云："道也者，动不见其形，施不见其德……故曰：可以安而不可说也。""道"是无，"一"为有，老子并没有论述有如何生之于无。黄老之学根据"万物负阴而抱阳，冲气以为和"，在"道"生万物的基础上提出了"气论"的思想。"道"只是根源性的本体，无名无形，不可捉摸，而"气"则是以实体的形式存在，体现着宇宙万物的生成变化。《管子·内业》说："夫道者，所以充形也"，"凡物之精，此则为生。下生五谷，上为列星。流于天地之间，谓之鬼神。藏于胸中，谓之圣人。"《管子·心术下》说："气者，身之充也。"

"气"又称"精气""灵气"，是天地间最精微细致的物质，在天地之间流动，从而生成万物，并不断推动万物的生长。《淮南子·天文训》就详细描述了"气"生万物的过程："天地未形，冯冯翼翼，洞洞灟灟，故曰太昭。道始于虚廓，虚廓生宇宙，宇宙生气，气有涯垠，清阳者薄靡而为天，重浊者凝滞而为地，清妙之合专易，重浊之凝竭难，故天先成而地后定。天地之袭精为阴阳，阴阳之专精为四时，四时之散精力万物。积阳之热气生火，火气之精者为日；积阴之寒气为水，水气之精者为月。日月之淫为精者为星辰。天受日月星辰，地受水潦尘埃。”“精气”可化为天上的星辰、地上的五谷和世间的圣人。在这里可以看出，人与天地万物没有本质的不同，都是“精气”化生的结果。《管子·内业》云：“灵气在心，一来一逝。其细无内，其大无外……心能执静，道将自定。”对于宇宙万物而言，“精气”为生命的本源，天地万物都需要依靠精气的支撑才能获得生命的活力。而且，“精气”的多寡直接影响着自然生态，如果人能够集天地之气，并且促进气之生成万物，就可以称为圣人了。在此基础上，黄老之学提出了“修心正形”“正形摄德”的观点，认为形、德修养到一定的境界时，精气就自然来到，而且能心神悟道。“凡人之生也，天出其精，地出其形，合此以为人。和乃生，不和不生。察和之道，其精不见，其征不丑。平正擅匈，论治在心，此以长寿。”人的生命，天赋予他精神，地赋予他形体，两者和合而形成人。有了两者相调和之气就有生命，没有和气就没有生命。考察和气，其中的精微不可察见，其中的信验也不可言喻。平和中正存于胸中，融化在心里，这样人便能长寿。

《吕氏春秋·大乐》说：“万物所出，造于太一，化于阴阳。”所谓“太一”，就是“气”。孔颖达解释说：“谓天地未分，混沌之气也。”这种“混沌”之气，只有生成万物的可能，还不能直接进入天地化生的具体过程。因此，气又分阴阳，通过区分阴阳之气来实现天地自然的生成。在气论说的基础上，人需要根据自然与社会的变化发展“与变随化”。陈鼓应提出：“理想的主政者，要在持守‘虚’道，因时而‘与变随化’，乃能与天地精神相参配。所谓‘圣人参于天地’，此乃以主政者德泽长流而滋润普施万物（‘德之润泽均加于万物’），被赞许为达于天地的境界。”[①] 在此基础上，黄老之学强调人应该参于天地，随着天地的变化发展调整自己的行为和策略。《管子·宙合》讲“圣人参于天地”。《管子·形势》说：“必参于天地”“天地之配”。马王堆出土的黄老帛书《黄帝四经》亦言：“天下太平，正以明德，参之于天地，而兼覆载而无私也。”黄老这种“参于天地”的精神，直接影响了儒家思想，并为《中庸》所直接继承。

第四节　生生之德与中国生态文明建设

生生思想是齐鲁文化为当代生态文明建设贡献的重要资源，其中蕴藏着认识论、知识论、本体论和生态哲学的丰富内容。在生态思想的观照下，天道即生物，万物都通过不断生成而使自己存在和发展。对生生思想进行深入挖掘和现代化阐释，能够为当代生态文明的构建提供丰富的智力支持。

首先，生生思想反对机械的、形而上的构成论世界观，坚持发展的变化的生成论思想。17 世纪以来的数百年时间里，构成论、机械论等科学观念一直统治着西方的主流文化，这些思想在引导人们认识和改造世界方面取得了辉煌的成就，但也正在将整个世界引入一场无法挽回的生态灾难。构成论者在认识世界的过程中坚持还原论，认为只有通过对不同组成部分进行认知才能把

① 陈鼓应:《管子四篇诠释——稷下道家代表作解析》,商务印书馆 2006 年版,第 68 页。

握整体。他们凭借分析的方法把对象拆零，然后对其拼装组合，在这一过程中达到对对象的认识。正如美国学者阿尔·戈尔所提出的，我们对于自然界的认识“分离成越来越小的片段，以为这些分离成分之间的联系其实没什么要紧。我们对自然的各部分着迷，同时却忘记了看一看整体”①。这种世界观把自然界看作没有生命的机器，而与变化的、生成的世界格格不入。这必然会漠视自然的生命存在，造成以工具论的思维和实用主义的态度去奴役自然。生生思想建立在以天地万物的生存生长为首要原则的观念之上，从宇宙创生的高度和人与自然共生的角度去看待世间万物，重视人与自然的整体发展，重视自然界的生命价值。这种思想直接影响了生态的世界观，也与当前主流的生态理论遥相呼应。如著名的“盖亚假说”就认为，地球以及所有的有机体都具有一个完整的生命体的全部特征，整个世界的存在是有机的、生成的。在这一生命体中，人的一切活动都是整体性活动的一部分，都参与到生命活动的进程之中。当然这一假说从整体上看是应对生态危机而产生的对应性理论，并没有上升到本体论的高度去推进生态理论的建设，而生生思想是以齐鲁先哲为代表的中国思想家提出的对于世界和人生的一整套完备的思想观念，不仅在理论构建上具有宇宙论和本体论的意义，而且在长期的生产生活中形成了非常成熟的实践原则和策略。生生思想为当前的生态世界观提供了理论支持和实践支持，是当前中国生态文明建设的重

---

① ［美］阿尔·戈尔：《濒临失衡的地球》，陈嘉映译，中央编译出版社 1997 年版，第 14 页。

要思想资源。

其次，生生是绿色发展的核心观念，是生态世界观的理论支柱。生态世界观强调世界的生命存在属性，这里的生命不是从单一的生物个体存在的角度去界定，而是应该从生命的普遍性和天地万物整体生成的角度去认识。从生生的角度思考生态，生态就被赋予了更为丰富的内涵和广阔的领域，不仅是实体生命的外化、呈现，而且是指在自然循环往复过程中一切元素的互生互长，反映了对自然界一切存在物的尊重与爱护。生态之“生”就体现在整个生态系统一气贯通的大化流行之中，可以从儒家的视角解释为天地交感、阴阳和合、生生不息，可以结合黄老的思想解释为道生万物、顺天法天、合于四时。因此，生生的概念在生态意义上来看，不仅包含着生生不息、进进不已，倡导生命的旺盛、不断地创生，还包含着让生、与生与共生的内涵，保持所有生物在各自生存的道路上自由生存的权力。生态不是某个物种或某个个体的，而是在天地自然的整体环境中相互支持、相互促进、相互创生的体现。因此生生包含了我们今天所倡导的生态理念的核心内涵，是人类与自然界其他生命体共同生存、和谐发展的基本精神。这一精神在近代人类文明的发展进程中被遗忘和遗弃了，被淹没于物欲膨胀的极端发展模式之中。今天中国正处于生态文明建设的关键时期，我们要重新反思生生的内涵，让人类社会走上绿色发展的道路，让人和自然重新获得生的意义和价值。

最后，生生之德反映了人类的价值与自然生成相统一。生生思想在齐鲁先哲那里不仅是对天地宇宙客观规律的描述与总结，更具有价值论的意义，“生生之德”是人类社会一切意义和价值的总根源。西方就有许多学者指出，生态危机实质上是人类对自我价值定位的偏误所产生的必然结果。福斯特在《生态危机与资本主义》中就提出了人在对待自然时的观念误区，“有许多原因可以说明这种普遍否定人类生态基础的重要性。许多人将此归结为西方文化中根深蒂固的缺陷，它发源于‘支配大自然’的观念。这种观念认为大自然的存在就是服务于人类并成为人类的奴仆”①。儒家思想就非常明确地表达了人应该从天地自然的创生发展中获得价值的依据和道德的力量，宇宙的化生不过是道德的表现形式。如《周易》中所说：“天行健，君子以自强不息”，君子自强不息的精神动能就是从天道运行的刚健有为中获得的。在当前的生态文明建设中，自然价值与社会价值相统一是重要环节。在2015年中共中央、国务院印发的《生态文明体制改革总体方案》中就明确了自然价值的理念：“树立自然价值和自然资本的理念，自然生态是有价值的，保护自然就是增值自然价值和自然资本的过程，就是保护和发展生产力，就应得到合理回报和经济补偿。”我们在推进生态文明发展的过程中应该借鉴生生之德的思想，不断拓展人与自然价值和意义结合的领域和范围，更好地实现人与自然的和谐发展。

---

① ［美］约翰·贝拉米·福斯特：《生态危机与资本主义》，耿建新等译，上海译文出版社2006年版，第1页。

第二章 仁心流布

仁爱好生、长养万物是齐鲁文化中生态伦理道德的基本内容。齐鲁文化认为，自然万物不仅作为人类的工具或资源而存在，而且它们都具有存在的内在价值，应该被人类承认和爱护。人类之所以要善待自然，是因为人与自然在生命的源头上是一致的，都产生于“道”或“气”；在内在的道德诉求上是统一的，都遵循天下之大德——“生”，而且通过天人合一可以实现自身德行和境界的提升。创生自然万物的天地或大道具有至高无上的德行，由道或天地所生的万物各有自己的价值，各有自己存在的法则。因此，人的德行的培育和提升应该效法天地，去维护天下万物所自有的价值，让其各得其所，自由生存。人应该尊重生命，不仅是人自身的生命，而且包括动植物的生命，从而维护万物的生存，保持人与自然的和谐共存。“大人者，有容物，无去物，有爱物，无徇物，天之道然。天以直养万物，代天而理物者，曲成而不害其直，斯尽道。”（《正蒙·至当》）天地有好生之德，大道有善养万物之能，故人类应当效法天地之生德，以让“万物生”的博大情怀来爱护万物且尊重生命。

第一节　一体之仁：齐鲁文化中的生态整体观

在齐鲁文化中，有关生态整体论的表述主要体现于“天人合一”“位育中和”“一体而仁”等理论当中。这些概念将“天”“地”“人”这在宇宙间处于不同位置的“三才”，共同纳入一个系统整体，开启了新的体察万物的视角，从包括人类与自然万物在内的宏观整体的视野中思考人与自然的关系。在齐鲁文化中，我们经常以“天人合一”来表述人与天地一体的思想。但是，除了“天人合一”，还有“天人合德”“天人感应”“天人相和”等观念共同支撑生态整体的观念，这种体现整体观的生态思想在董仲舒那里被归结为“天人之际，合而为一”。《周易·乾·彖传》曰：“大哉乾元！万物资始，乃统天。”《周易·坤·彖传》曰：“至哉坤元，万物资生，乃顺承天。”乾坤相摩相荡，化生万物，天地之间的所有生命，究其根本，其产生和发展都要依靠天地自然的供养与支撑。《周易·说卦》将乾卦、坤卦分别尊为父母卦，

"乾，天也，故称乎父；坤，地也，故称乎母"，更加明确了天地自然生养万物的地位。天地自然为生命之源，既能"生物"，也能"载物"，是万物生命得以存续的基础。这种天生万物的宇宙生成论，从本源上明确了天地自然与人类社会的一体之论，从整体论的角度把人与自然联系在了一起。《周易·乾》对于"天人合一"有这样的表述："天行，健。君子以自强不息。……夫大人者，与天地合其德，与日月合其明，与四时合其序，与鬼神合其吉凶。先天而天弗违，后天而奉天时。"这里重点强调了人与自然的"合德""合明""合序"，将"天人合一"的观点做进一步具体阐述，明确了"天人合一"的具体内容。与此相似，在《黄帝内经》中也可以找到有关"天人合一"的主张，具体表现为"天人相应"。《黄帝内经·灵枢·刺节真邪》曰："与天地相应，与四时相副，人参天地。"可见，人的生存与天地自然协调一致，人的生存离不开对天地的依托；同时还要遵循自然世界的四时运转，需要学习了解天地自然的运行规律，人才能得以顺利发展。

一、共生同体

儒家主要从"天人一体""性天相通""天人合德"的角度阐述其"天人合一"的整体论观念。儒家向来把天地自然看作大化流行的有机整体，看作人类赖以生存的根本条件，认为人类对自然的态度应该是寄予深切的关怀与同情。孔子主张的"天人合德"即是指个人通过自身的道德修养，将心灵融入宇宙，建立一种与天地共存的完满境界。孟子说：“万物皆备于我矣。反身而诚，乐莫大焉。强恕而行，求仁莫近焉。”（《孟子·尽心上》）在这里，孟子认为只要反躬自省、诚实无欺，尽力按恕道办事，便可以求乐求仁，从而使自己与自然万物融为一体。

共生的观念是儒家探索天人一体思想的基础。“若用之以顺，则两仪序而百物和，若行之以逆，则六位倾而五行乱。”因此，“王者，动必则天地之道不使一物失其性，行必协阴阳之宜不使一物受其害”（《周易正义·序》）。《左传》中也提出“民受天地以生”。这些说法都包含了人的生命与自然环境不可分离的思想，强调了人与万物共生的特点。董仲舒的“天人感应”说，虽然充满了神学目的论的色彩，但也包含了天、地、人共生的思想。《春秋繁露·立元神》云：“天地人，万物之本也。天生之，地养之，人成之。天生之以孝悌，地养之以衣食，人成之以礼乐，三者相为手足，合以成体，不可一无也。”

儒家不仅讲“共生”，而且讲“同体”，强调天、地、人的并列或一体，人可以参赞天地之化育，可以为天地立心，或强调天道与人性是内在一体的。这种一体观肯定自然自身的价值，认为自然不是人的造物，因此也不应以人类的价值尺度来进行衡量。宇宙万物虽有不同，但一切差等皆是以天人的同一为前提的。儒家有“天地之性人为贵”的思想，荀子也认为自然存在不同的等级。他说：“水火有气而无生，草木有生而无知，禽兽有知而无义，人有气，有生，有知，亦且有义，故最为天下贵也。”（《荀子·王制》）但是这种观点并非孤立地将万物对立起来，而是从整体主义的角度来思考天、地、人之间的关系。

《礼记·中庸》曰："唯天下至诚，为能尽其性；能尽其性，则能尽人之性；能尽人之性，则能尽物之性；能尽物之性，则可以赞天地之化育；可以赞天地之化育，则可以与天地参矣。"宋明道学家认为，人与万物的本性是相同的，区别只在于二者处于不同的气化流行之中，而从根本上说又是"一气流通"的，故要求人不仅要孝亲、爱人，而且要爱物。程颢《识仁篇》曰："若夫至仁，则天地为一身，而天地之间，品物万形为四肢百体。夫人岂有视四肢百体而不爱者哉?"人与万物一体相联，天地之间的诸种生物与人如同四肢一般不可分割，因此爱物应如同爱己。这一思想成为中国古典美学中泛爱万物、人与万物平等的代表性理论。

儒家"天人一体""天人合德"的思想从多个方面影响着齐鲁传统生态观念的生成与发展。在儒家思想中，自然问题、环境问题大都是与社会问题甚至与宇宙天地问题联系在一起的。在《周易》中，"仰观俯察"的体察方式以及"立象以尽意"的诗性思维方式就将人与自然、人文与天文融为一体。《周易·贲·彖传》曰："观乎天文，以察时变；观乎人文，以化成天下。"《周易·系辞下》曰："古者包牺氏之王天下也，仰则观象于天，俯则观法于地，观鸟兽之文，与地之宜，近取诸身，远取诸物，于是始作八卦，以通神明之德，以类万物之情。"人文与天文都是圣人观照的对象，二者相得益彰才能达到圣人的境界。此外，《周易》的"立象以尽意"也体现了生态整体论的思想。《周易》以卦象阐明义理，包含了天文与人文相通的观念。"《周易》所有的卦象都是以天地之文而喻人之文，也就是以自然之象而喻人文之象。这与中国古代文艺创作中的‘比兴’手法是相通的。”① 这种“天人一体”的哲学理念对后世产生了深远的影响。天地与人、天文与人文本是一体的，在中国古代美学典籍中，二者不仅互生，而且在逻辑上可以相互证明其合理性。如《文心雕龙·原道》篇中所言：“文之为德也大矣，与天地并生者，何哉？夫玄黄色杂，方圆体分，日月叠璧，以垂丽天之象；山川焕绮，以铺理地之形：此盖道之文也。仰观吐曜，俯察含章，高卑定位，故两仪既生矣；惟人参之，性灵所钟，是为三才。为五行之秀，实天地之心。心生而言立，言立而文明，自然之道也。”在这里，刘勰说日月、山川等自然景物皆有文采、音韵，进而认为作品也要有文采、讲音韵。这一论述就从逻辑上将自然与人文视为一体，以天文之象证明了人文之理。

二、天人相和

不但人文与天文相合，人的精神品质与自然物的内在属性也是相互呼应的。在中国的文化语境中，“山水”这一意象被不断地进行着人文的转化，并在这种人文情怀之中，被定格成某种相对“人格”。孔子认为，人对于天命的追求和领悟，构建起了天人之间积极、亲和的关系，明确了人与自然和谐相处、和合共生的生存态度，这正是生态精神的积极体现。由人与自然的和谐关系发展为人与自然的亲和关系，这在孔子的理论中是一个必然的结论。“生态

① 曾繁仁:《试论〈周易〉“生生为易”之生态审美智慧》,《文学评论》2008 年第 6 期。

思想强调人与自然的和谐，倡导天地万物的共生共荣。”[①] 天人相和的生态观念渗透在孔子的思想中，形成了以“敬天”“法天”为基本理念，以“和”为最高境界的生态哲学思想。

孔子通过“大”的范畴传达出对于“天”的敬畏与景仰之情。“大哉尧之为君也！巍巍乎！唯天为大，唯尧则之。”（《论语·泰伯》）孔子所说的“大”是融合了道德与审美的情感，是指主体对于对象产生的一种敬畏之情，并且伴随着一定程度的神秘感。虽然在这里孔子更多的是对尧时礼仪制度的赞美，但是这种赞美却是通过对“天”的效法而得出的，“则天”思想反映了孔子对天道自然的崇敬，体现出其敬畏自然的生态审美观。《左传》中也有以“大”形容天地自然的内容，季札观乐时评论说：“德至矣哉！大矣，如天之无不帱也，如地之无不载也！”（《左传·襄公二十九年》）这里对“大”的理解与孔子是一致的，都反映出天地自然可敬可畏的道德属性与审美属性。在欣赏具体的自然对象时，孔子更加明确地表达出“法天”“配天”的生态诉求。在“比德”中，主体做出了双重判断：对于自我是道德判断，对于自然对象是审美判断，相应地生成了道德感与美感，这两种情感在主体内心中虽然性质不同却是统一的。孔子说：“知者乐水，仁者乐山。知者动，仁者静。知者乐，仁者寿。”（《论语·雍也》）精神品质不同的人在对自然进行审美欣赏时各有不同的爱好。南朝梁儒家学者、经学家皇侃认为：“水者流动不息

① 吴承笃:《栖居与生态——“诗意地栖居”的生态意蕴解读》,《山东师范大学学报》2012 年第 6 期。

之物也。智者乐运其智化物。如流水之不息，故乐水也。”“山者不动之物也，仁人之性愿四方安静如山之不动，故云乐山也。”孔子并没有肯定自然物具有道德属性，但是自然物本身却因某种属性或特点而与人的道德品质有关联，因此山水的自然形象的某些特征可以用来象征人的高尚品质。自然山水是人的内在德行的源泉，人对于自然山水的欣赏可以转化为人自身精神品质的提升，其结果不是感官上的愉悦和满足，而是精神上的共鸣、思想上的升华。后代文人对这一观点进行发挥，形成了“比德”说。孔子多次表达过相同的观点。如：“为政以德，譬如北辰，居其所而众星共之。”（《论语·为政》）“岁寒，然后知松柏之后凋也。”（《论语·子罕》）这些说法，都是把自然现象内化为人的精神品质，以期在自然审美中得到精神的愉悦。

“知天”“法天”的最高境界是自然与人文的无间融合，也是孔子追求的生命境界。孔子借曾点之口描述了这种天人相和的境界。“‘暮春者，春服既成，冠者五六人，童子六七人，浴乎沂，风乎舞雩，咏而归。’夫子喟然叹曰：‘吾与点也。’”（《论语·先进》）朱熹评注说：“曾点之学，盖有以见夫人欲尽处，天理流行，随处充满，无少欠阙。故其动静之际，从容如此。而其言志，则又不过即其所居之位，乐其日用之常，初无舍己无为人之意。而其胸次悠然，直与天地万物，上下同流，各得其所之妙，隐然自见于言外。”① 朱熹以与天地万物同一来解释这段话，的确切中了孔子所追求的天人相和的生存境界，但是以人欲和天理的

① ［宋］朱熹：《四书章句集注》，中华书局 1983 年版，第 130 页。

对立来解释却非孔子对于天人关系的理解。朱熹将天地万物都划归天理之中，以永恒的形而上之“理”来决定个别事物是其所是的本性，这是典型的宋明理学的思想。在孔子的思想中，“仁”不是形而上的存在，甚至没有明确的概念界定。天人相和是求“仁”的必由之路，对于“仁”的体认，需要人在实践中主动地顺从天命，在“践仁知天”的过程中不断地超越自我。因此，孔子倡导的“和”，弥合了感性与理性的鸿沟，它既是人文的理想境界，也是自然的生命境界，既是纯净自然的体验，也是道德的最高追求。这种“和”的境界，已经超越了以人与自然二分为前提的天人交往模式，天人和谐的生存理想内化到人的具体生存的各个方面，是人上下求索、不断超越的动力与源泉。

三、集义而生

孟子将“存心”“养性”作为人格修养的目标，已经显露出道德形而上学的端倪，但无论是“心”还是“性”还都不是先验的存在，需要在追求天所赋予的“正命”的过程中去体认。孟子以“养气”说阐述了人主动地追求天命以尽性的观念。孟子之前较为流行的说法是“气”代表了贯穿万物的生命力，落实于人身上指“血气”。如晏子曾说：“让，德之主也。让之谓懿德。凡有血气，皆有争心，故利不可强，思义为愈。”[①] 但在孟子这里更多是指凝聚了理性的感性力量，是集自然属性与道德属性于一体的

① 杨伯峻：《春秋左传注》，中华书局1990年版，第1317页。

客观存在。《孟子·公孙丑上》曰："'敢问夫子恶乎长?'曰：'我知言，我善养吾浩然之气。''敢问何谓浩然之气?'曰：'难言也。其为气也，至大至刚，以直养而无害，则塞于天地之间。其为气也，配义与道；无是，馁也。是集义所生者，非义袭而取之也。行有不慊于心，则馁矣。'"人凭借这种"集义而生"的"气"而与宇宙天地相交通，通过养浩然之气的方式来完善人格，从而达到一种人格审美的新境界，这一点在学界已得到广泛的认同。但是"养气"又不仅是对个体人格的培养，它的最高境界已经上升到了与天地合一的宇宙层面，是把个人内心的仁义扩张到与天地万物同德的地步。冯友兰认为，孟子的"浩然之气"是天人合一的"天地境界"，是就"人与宇宙的关系说"。处于天地境界的人，"他已知天，所以他知人不但是社会的全的一部分，并且是宇宙的全的一部分。不但对于社会，人应有贡献；即对于宇宙，人亦应有贡献……人的行为，不仅与社会有干系，而且与宇宙有干系"①。由养"浩然之气"而抵达的"天地境界"本身就是生态美学思想的典型表述，"'天地境界'实际上是一种'天人相和'的生态美学思想"②。孟子曾以"恻隐之心"等作为人异于"禽兽""野人"的特殊本性，似乎突出了仁道与自然的区分，但是这种区分并不主张人与自然的二分，更不会走向人与自然的对立，而是强调在天人合一的基础上实现自我意识的觉醒，通过自身的努力去"涵盖乾坤"以达到至高的"天地境界"。因此

① 冯友兰:《冯友兰学术论著自选集》,北京师范学院出版社 1992 年版,第 227 页。

② 曾繁仁:《对德国古典美学与中国当代美学建设的反思——由"人化自然"的实践美学到"天地境界"的生态美学》,《文艺理论研究》2012 年第 1 期。

“天地境界”已不仅仅是天人相和的生存理想的静态描述，而且蕴含着人向人与自然和谐相处的生态境界不断努力的理想与追求。成人成己与顺天而为高度统一，人的主动性与天地的生生之道和谐一致，从而呈现出更加积极的生态姿态。

在孟子的思想中，与“养气”直接相关的思想是“充实之谓美”。《孟子·尽心下》曰：“可欲之谓善，有诸己之谓信，充实之谓美，充实而有光辉之谓大，大而化之之谓圣，圣而不可知之之谓神。”在这里，孟子受到子思的影响，子思认为宇宙的本体为“诚”，即一种生生不息的生命力，天下万物都是它的呈现与结果，而且都凭借这种生命的力量渐进不息，最终达到完满实现。孟子提出美就是天地万物生命特征完满实现时的存在形态，“充实”是对这种状态的描述。生命最初就潜含了美的因素，但并不一定最终成为美，只有当生命达到充实的状态，且其外在形态充分显示其内在本性时，潜在的美才能够成为现实的美。“五谷者，种之美者也；苟为不熟，不如荑稗。夫仁，亦在乎熟之而已矣。”（《孟子·告子上》）对人而言，追求“美”如同追求“正命”一样，是“求则得之”的努力目标，需要养“浩然之气”才能得之。焦循对“充实之谓美”的解释是：“扩而充之，使全备满盈，是为充实……充满其所有，以茂好于外，故容貌硕大而为美。美指其容也。”[①] 朱熹的解释是：“力行其善，至于充满而积实，则美在其中而无待于外矣。”他们都指出了人应该积极有为，通过“力行其善”，并“扩而充之”才能实现美。因此，

① ［清］焦循：《孟子正义》，中华书局1987年版，第995页。

在孟子这里，美是生命顺乎其天性发展的结果，但其过程并不像道家所提倡的“自然无为”，而是主张人要遵循自然万物内在生命的尺度，人要充分地发挥自身的自觉与努力。生态和谐是天地万物和谐相处、互生互荣的结果，生态美是一切生命勃勃生机的鲜活展现，人在生态世界中扮演着重要的角色。孟子的“充实之谓美”不仅揭示出美的生命性根源，而且明确了人作为天地之间有意志、有责任的存在者必须承担生态责任。

四、天人相参

荀子是儒家思想的代表人物。荀子在天人关系中构建了以“天人相分”“天人相参”为途径，寻求“天人合一”的天人之学。荀子认为，人要“备其天养，顺其天政，养其天情，以全其天功”（《荀子·天论》）。所谓“全其天功”，就是指依照自然的规律，秉持万物生成的天性而尽人事，不能违背和破坏。人与自然相处时，应当协调处理好人与自然的关系。荀子把能“群”作为君子治世的根本，提出“人之生不能无群”（《荀子·富国》），这里的“群”不仅指向人类社会，而且应该扩展到自然万物。“君者，善群也。群道当则万物皆得其宜，六畜皆得其长，群生皆得其命。”（《荀子·王制》）让天地间的一切都和谐相处，使之各安其位、各得其所，生生而不相害，这是荀子思想中作为君王的天职，也是生态理论所倡导的理想境界。更进一步讲，要使天人和谐相处，人需要明确当为与不当为。“虽深，其人不加虑焉；虽大，不加能焉；虽精，不加察焉。夫是之谓不与天争职。”（《荀子·天论》）“不争职”包含“顺天”的思想，即顺应自然规律，使自然养育充分完备。人应当凭借其“治道”合理地利用天时地利。“天有其时，地有其财，人有其治，夫是之谓能参。舍其所以参而愿其所参，则惑矣。”（《荀子·天论》）荀子认为，构建人与自然的和谐不应该仅凭借内在的道德修养，还要加强社会秩序规范和道德法令的建设，因此“治道”成为天人和谐的保证。在这里，荀子把生态环境建设与社会治理统一起来，把天地生养与人生修养统一起来。通过以上的分析，我们可以看出荀子与孔孟在“天人合一”思想上的不同，孔孟倾向于从仁学的文化心理和个体人格价值入手探讨人与天和的问题，从天人一体的角度谈到天人的和谐，而荀子则把目光放到了人类社会的群体组织上，强调“人为”与“治道”，从天人二分的角度思考天人合一的问题。正如李泽厚指出的，荀子“强调发挥了治国平天下的群体只须规范的方面”，“强调阐释‘礼’作为准绳尺度的方面，它由外而内”。而这一点也正是荀子思想中的生态观念独特性之所在。

“礼”是荀学的核心观念。“礼”不仅决定了人的道德品格，而且影响和规范了人的情感。荀子特别强调人的情感应该合乎礼。“故说豫娩泽，忧戚萃恶，是吉凶忧愉之情发于颜色者也。歌谣謸笑，哭泣谛号，是吉凶忧愉之情发于声音者也。……两情者，人生固有端焉。若夫断之继之，博之浅之，益之损之，类之尽之，盛之美之，使本末终始莫不顺比，足以为万世则，则是礼也。”（《荀子·礼论》）在“礼”的教化过程中，人性情感被放置于一定的形式，即具体的“礼”的仪式之中，仪式不过是“文饰”，人的情感应该在仪式中得以表达和释放。荀子提出人应该以“礼”来约束和改造自然性情。“故圣人化性而起伪，伪起而生礼义，礼义生而制法度。”（《荀子·性恶》）这里所提的“伪”，就是符合“礼”的人为活动。只有“化性而起伪”，人才能成就君子之“美”，人的情感才是审美的。“性者，本始材朴也；伪者，文理隆盛也。无性则伪之无所加；无伪则性不能自美。”（《荀子·礼论》）经过“礼”的“伪饰”而形成的情感从根本上是符合天道的，它不仅满足了人类社会内部的“群而有分”的需求，而且实现了身与心的协调，自然与社会的和谐。“故人莫贵乎生，莫乐乎安，所以养生安乐者莫大乎礼义。”（《荀子·强国》）“礼”克服了人的内在冲突，通过“养生安乐”，人的自然生命和文化生命得到和谐统一，并体现出生态观念的价值诉求。

第二节　仁，爱人以及物：齐鲁文化中的生态关怀意识

生态道德是具有特殊含义的道德范畴，主要体现人与自然环境之间的伦理规范，强调人类保护生态环境的道德要求，并有待成为人们最本质、最根本的道德信念。“长期以来，人们关注的只是人与人之间的关系，而忽视了人与自然这一基础性的关系。而生态文明道德观是对人类中心主义的超越。人类中心主义强调的是人对自然的权利，人是宇宙之灵，太阳为人而升，星斗为人

而亮，自然为人而存，‘人是自然的主人’，‘人要征服自然’，对自然资源进行无限度、无休止的索取和掠夺，严重忽视了人对自然的义务，把人与自然摆到了对立的位置，这是一种反自然的发展观。”① 生态道德的形成要求人对自然的态度要突破人类中心主义的束缚，突出人对自然环境的义务和责任。同时生态道德观念需要在一定的社会文化环境中生成，它超越了社会发展的线性规律，在不同的文化环境、不同的历史阶段都可能存在表述形态不同的生态道德。齐鲁文化中存在着深刻的生态道德底蕴，在儒家、墨家、黄老等理论学派中包含着丰富的生态道德思想，齐鲁文化在实践中也体现出诸多生态道德的基本规范。

一、“德及禽兽”

维护生态平衡，不仅仅是为了持续地、长期地收获，也展现了古人将人类社会的伦理道德观念扩至世间万物的美德。在我国，这种对自然万物的爱护和仁慈，往往被视为一个人的优秀品质。《史记·殷本纪》记载了商汤“网开三面”的故事：“汤出，见野张网四面，祝曰：‘自天下四方皆人吾网。’汤曰：‘嘻，尽之矣！’乃去其三面，祝曰：‘欲左，左。欲右，右。不用命，乃入吾网。’诸侯闻之，曰：‘汤德至矣，及禽兽。’”从生态保护的角度上看，这体现了古人善待自然万物的生态伦理思想。商汤是想通过诸如此类的事情以德服人，以高尚的德行感化对方。因

① 李淑文：《构建生态文明道德观》，《光明日报》1999年3月16日。

此，当诸侯们听到这个消息时，才会发出“汤的仁德真是达到了极点了，对禽兽都这么仁慈”的感慨。在这里，“网开三面”代表了君主的仁德。在国家治理上，商汤广施仁政，不仅仁义惠及百姓，而且德泽自然万物。

《国语·鲁语》记载了“里革断罟”的故事。“宣公夏滥于泗渊，里革断其罟而弃之，曰：‘古者大寒降，土蛰发，水虞于是乎讲罛留，取名鱼，登川禽，而尝之寝庙，行诸国，助宣气也。鸟兽孕，水虫成，兽虞于是乎禁罝罗，矠鱼鳖以为夏犒，助生阜也。鸟兽成，水虫孕，水虞于是禁置罜麗，设阱鄂，以实庙庖，畜功用也。且夫山不槎蘖，泽不伐夭，鱼禁鲲鲕，兽长麑麇，鸟翼鷇卵，虫舍蚳蝝，蕃庶物也，古之训也。今鱼方别孕，不教鱼长，又行罟罟，贪无艺也。’公闻之曰：‘吾过而里革匡我，不亦善乎！是良罟也，为我得法。使有司藏之，使吾无忘谂。’师存侍，曰：‘藏罟不如寘里革于侧之不忘也。’”通过里革断罟而弃之的举动，以及他向鲁宣公讲述保护草木鱼虫的古训，我们可以看出，一方面在周代已经有了相对具体和完备的生态保护的规则，从资源可持续利用的角度明确了采猎动植物的时令和范围，另一方面，又把保护自然生态的义举上升到了善的高度。

“德及禽兽”说明了人在对生物资源进行保护时，必定隐含着深厚的仁爱思想和道德水准，这也是古人生态道德理念的具体体现。这种善待万物的道德诉求是建立在唯德观念的基础之上的，“德被天下”是古代圣贤的理论旨归。“中国思想家多认为人生的准则即是宇宙之本根，宇宙之本根便是道德之表准；关于宇宙的根本原理，也即是关于人生的根本原理。”① 这种覆盖天下的“至德”不仅仅局限于人类，也把自然万物囊括进来。天地一切事物的本性都是“德性化”了的，一切事物之间的关系也充分地表现了道德的属性。一方面，自然界是人类生存和发展的客观基础，人必须遵从自然的普遍规律；另一方面，道德、理想应与自然规律相协调，自然界的各种变化都能够从人类社会找到道德的依据。所以，在古代社会，宇宙间一切事物都可以被看作天下治乱的象征：风调、雨顺、瑞雪、喜雨等各种“祥瑞”，以及山崩、地拆、雷雨、日月食、旱涝灾害等各种“祸患”。

二、“仁厚及于鸟兽昆虫”

孔子倡导将道德的范围扩展到动植物的领域，把天地万物视为德的象征，并且反身内省，从而提高自己的道德境界。通过研究近年来真实性逐步得到承认的《孔子家语》《孔丛子》以及新出土的《孔子诗论》等相关文献材料，我们可以发现，孔子曾经在多处对动植物表达了仁爱的态度，其基本思想是把道德关怀所涵涉的范围从人扩展到动物，要求以仁爱的态度对待动物，以道德的观念明确人对自然的责任，从而确立人和自然的伦理关系。仁、恕、孝、义等道德范畴都囊括了对动植物的关怀。孔子说：“高柴执亲之丧，则难能也；开蛰不杀，则天道也；方长不折，则恕也。恕则仁也，汤恭以恕，是以日隮也。”（《大戴礼记·卫

---

① 张岱年：《张岱年全集》（第2卷），河北人民出版社1996年版，第194页。

将军文子》）高柴为亲人守丧的诚心，是一般人难以做到的；春天不杀生，是遵从做人的道理；不折断正在生长的树木，是推己及物的仁爱。成汤谦恭而又能推己及人，因此威望天天升高。在这里，孔子已经把守丧体现出的人伦与春天不杀生的生态道德统一起来，并且以此高度赞扬了商汤推己及人的生态观念。

《孔子家语·五帝德》记载宰我向孔子请教黄帝的事迹，孔子曰："黄帝者，少典之子，曰轩辕。生而神灵，弱而能言，幼齐叡庄，敦敏诚信。长聪明，治五气，设五量，抚万民，度四方。服牛乘马，扰驯猛兽，以与炎帝战于阪泉之野，三战而后克之。始垂衣裳，作为黼黻。治民以顺天地之纪，知幽明之故，达生死存亡之说。播时百谷，尝味草木，仁厚及于鸟兽昆虫。考日月星辰，劳耳目，勤心力，用水火财物以生民。民赖其利，百年而死；民畏其神，百年而亡；民用其教，百年而移。故曰黄帝三百年。"孔子在赞颂黄帝的伟大事迹时，提出黄帝能够遵循天地的运行规律去统治百姓，既了解阴阳昼夜的道理，又知晓生死存亡的法则。根据不同的季节播种谷物庄稼，栽培花草树木，他的仁德惠及鸟兽昆虫。在这里，孔子明确了黄帝"仁厚及于鸟兽"的德行价值，也反映出孔子将生态道德纳入他的道德整体的仁学理论。

孔子还把对动植物的道德情感与对待人事的道德观念统一起来。据《礼记·祭义》记载："曾子曰：'树木以时伐焉，禽兽以时杀焉。'夫子曰：'断一树，杀一兽，不以其时，非孝也。'孝有三：小孝用力，中孝用劳，大孝不匮。思慈爱忘劳，可谓用力矣。尊仁安义，可谓用劳矣。博施备物，可谓不匮矣。”在这里，孝亲的情感本是处理人事时的情感要求，孔子不仅强调要根据自然规律，按照节令规定伐木狩猎，而且把尊重动物的生命和价值、保护动物提高到天地之孝的高度。根据这种观点，树木、动物和亲人一样都可以被看作道德情感的对象。根据《史记・孔子世家》的记载，孔子还提出，“刳胎杀夭则麒麟不至郊，竭泽涸渔则蛟龙不合阴阳，覆巢毁卵则凤皇不翔。何则？君子讳伤其类也”。从字面意义上来看，“刳胎杀夭”“竭泽涸渔”“覆巢毁卵”都是出于人自身利益的考虑而对于自然环境的灭绝性破坏，孔子把这些视为“不义”的行为，也体现了他的生态道德观念。

孔子对死亡的动物也抱有同情和怜悯之情。狗和马死了，孔子都要求将其埋葬，以体现仁的精神。“仲尼之畜狗死，使子贡埋之，曰：‘吾闻之也，敝帷不弃，为埋马也；敝盖不弃，为埋狗也。丘也贫，无盖，于其封也，亦予之席，毋使其首陷焉。’路马死，埋之以帷。”（《礼记・檀弓下》）用破旧的帷幔埋马，用破旧的车盖埋狗，这些举措是以与对待人相似的礼仪来对待动物，也体现了仁爱精神。此外，孔子还从自然物的身上看到了人的品质，以自然物为对象反观自身的道德内涵。如他称赞松柏具有固守常青的坚定德性，“岁寒，然后知松柏之后凋也”（《论语・子罕》）。他认为良驹值得称赞的不是它的气力，而是它的品德，“骥不称其力，称其德也”（《论语・宪问》）。以人之德性比拟动物，一致看待动物的德性和人的德性，在这种思维方式之下，人对动物自然会采取关爱的态度。

三、“不忍人之心”与“仁民爱物”

在儒家的基本观念中，“仁”者“二人”，最初是处理人际关系的道德规范。孔子把对人的关怀向外延伸，覆盖天地万物，使“仁”具有了“爱物”的思想。孟子提出了人性善的主张，对孔子的爱物观念有了更进一步的推进，明确了“爱物”的仁学思想，因而构建了儒家意义上的哲学生态思想。

孟子在他的仁学理论中提出了“不忍人之心”，以构建他的“人性善”的基本观念。他说：“人皆有不忍人之心。先王有不忍人之心，斯有不忍人之政矣。以不忍人之心，行不忍人之政，治天下可运之掌上。”（《孟子·公孙丑上》）在这里，“不忍人”就是人之为人的善端，是人性善的根源。仁不是别的，就是恻隐之心、不忍之心的“扩充”。恻隐之心就是对于生命的同情、爱护与关怀，是基于“感同身受”基础之上的普遍性情感。但是，孟子并没有将“仁”止步于“爱人”，仁爱之心不仅限于“事亲”和“仁民”。孟子突破了物种界限，将仁爱之情推行到自然界的动物，提出“仁民而爱物”之说，确立了人与自然之间的生态伦理关系。在《孟子·梁惠王上》中有如下记载：“臣闻之胡龁曰，王坐于堂上，有牵牛而过堂下者，王见之，曰：‘牛何之?’对曰：‘将以衅钟。’王曰：‘舍之！吾不忍其觳觫，若无罪而就死地。’对曰：‘然则废衅钟与?’曰：‘何可废也？以羊易之！’——不识有诸？曰：‘有之。’曰：‘是心足以王矣。百姓皆以王为爱也，臣固知王之不忍也。’王曰：‘然。诚有百姓者。齐国虽褊小，吾何爱一牛？即不忍其觳觫，若无罪而就死地，故以羊易之也。’曰：‘王无异于百姓之以王为爱也。以小易大，彼恶知之？王若隐其无罪而就死地，则牛羊何择焉？’王笑曰：‘是诚何心哉？我非爱其财而易之以羊也。宜乎百姓之谓我爱也。’曰：‘无伤也，是乃仁术也，见牛未见羊也。君子之于禽兽也，见其生，不忍见其死；闻其声，不忍食其肉。是以君子远庖厨也。’”在这则故事里，孟子肯定了齐宣王“以羊易牛”的义举，认为这样做体现了其“不忍”之情，也表达了对于生命的尊重。在孟子看来，齐宣王的“仁心”，正体现于他看到了动物眼中流露出的“觳觫”，也就是战栗恐惧之情。孟子认为，动物和人一样，也是有感情的，牛在即将被宰杀时所表现出的恐惧之情与人类的情感相同。因此，动物表现的恐惧神情就会引发人心头的善端，会触发人心深处的“不忍”之情。而正是这种“不忍”，让人类突破了物种的限制，不仅“仁民”，去爱护自己的亲人和周围的人，同时也“爱物”，去关爱天地万物，去体会动物和植物的生命感受。一国之君只有具备“仁民爱物”的精神，才能有施行“仁政”的基础。

孟子认为，不论是“仁民”还是“爱物”，这一点也只有人才能做到，因为只有人才有“仁心”。人对于动物的情感是人对同类意识与情感的扩展，扩大到人的活动所涉及的各个地方。因此，由“仁民”到“爱物”体现了儒家思想的内在逻辑思路，要求作为天地灵长的人，要把仁爱的精神无限地向外拓展，最终实现与天地共生的境界。儒家思想从不同的层面发扬了仁爱及物的精神。《周礼·大司徒》说：“仁者，仁爱之及物也。”扬雄《太玄·玄离》说，“周爱天下之物，无有偏私，故谓之仁”。王阳明也提出：“夫人者，天地之心。天地万物，本吾一体者也，生民之困苦荼毒，孰非疾痛之切于吾身者乎？”（《王阳明全集·卷二·语录二》）由此可见，不同的儒家学者都提出了将仁的思想大而推之，从与天地万物共生的角度去构建具有道德蕴含的生态世界。可以说，儒家的生态道德观念超越了人类中心主义的立场，将人类与自然并置于同等地位，强调人类与自然在道德层面的同情同感，为我们面对自然提供了一种更为合理的选择。

第三节　为天地立心：齐鲁文化中的生态责任观

生态责任是责任伦理的内涵之一，是人对自然环境的道德义务，是必须承担的伦理责任。责任伦理是一种以人类整体行为为对象的伦理，是一种前瞻性的、预防性的道德伦理。德国社会学家马克斯·韦伯在题为《以政治为业》的讲演中，提出了责任伦理的概念。他认为，政治家在追求和运用权力时，应该考虑到自己的行为并为之负责，提出了以责任后果为行为导向的理论。虽然生态责任作为一种理论体系产生于现代，但是生态责任伦理思想的历史却源远流长。齐鲁文化认为，人不仅应该承担起社会发展、人际和谐的责任，而且要把自然万物的良性发展、生生不息当作自己应当承担的责任。

一、“戴天履地”：《周易》中的生态责任意识

《周易》中的“三才”之说把人在天地自然中的地位抬得非常地高。“易之为书也，广大悉备。有天道焉，有人道焉，有地道焉，兼三才而两之，故六。六者非它也，三才之道也。”（《周易·系辞下》）人道位于天道和地道之间，与天地的地位平齐，可谓“戴天履地”。中国古代的其他典籍也都表述过类似的观点。《说苑·杂言》说：“天生万物，唯人为贵。”人在天地万物中是最为尊贵的。《郭店楚简·语丛一》也说：“天生百物，人为贵。”《春秋繁露·人副天数》中说：“天地之精所以生物者，莫贵于人。”《荀子·王制》则说得更明白些：“人有气，有生，有知，亦且有义，故最为天下贵也。”《周易·系辞上》也讲：“知周乎万物而道济天下，故不过。旁行而不流，乐天知命，故不扰；安土敦乎仁，故能爱。”中国古代命理学著作《滴天髓·通神论》说：“戴天履地人为贵，顺则吉兮凶则悖。”天下万物都在五行之中，但是人却得五行之全，因此万物之中人为尊贵者。这里所谓的“尊贵”是指人有知、有识、有德、有义，不仅能够能动地根据自然规律掌控自身与万物，而且可以主动地则天法地，提升自我的道德修养。德行是人生存的根基，它既是人的先天条件，又需要后天的培养。只有积德才能达到以德配天的至高境界，理解并且践行宇宙之道理，贯通自然之理与人文之理：“仰以观于天文，俯以察于地理，是故知幽明之故。原始反终，故知死生之说。精气为物，游魂为变，是故知鬼神之情状。与天地相似，故

不违。知周乎万物而道济天下，故不过。”（《周易·系辞上》）因此，人作为天地最尊贵者，并不能任性地为所欲为，要主动地提高自身的道德修养，才能“仰观天文，俯察地理”。

此外，人虽然是天地万物之中的至尊者，可仍然是万物之一，无论做什么事情都要顺天地、法自然，还要承担起尊贵者的责任，履行天地大道赋予的使命。“乾知大始，坤作成物。”“天地感而万物化生。”顺应天道和地道则吉，违背天道和地道则凶，所以要顺应天地之道，“损益盈虚，与时偕行”（《周易·损·象传》），“凡益之道，与时偕行”（《周易·益·象传》）。顺应天地之道就可以获得吉利，“应乎天而时行，是以元亨”（《周易·大有·象传》），违背天地之道则会招致祸患，“亢之为言也，知进而不知退，知存而不知亡，知得而不知丧”（《周易·乾·文言传》）。正如《管子·形势》中所说的，“其功顺天者天助之，其功逆天者天违之”，“得天之道，其立若自然，失天之道，虽立不安”，“顺天者有其功，逆天者怀其凶”。因此，有德之人要得天之道，顺天而为，履行上天赋予的责任，承担起保护生态的责任和义务。

二、“育护天下”：《孔子家语》中的生态责任观念

《孔子家语·礼运》中颂扬了三皇五帝的“大同世界”，并进一步论述了礼仪的本原。孔子认为，因为有德圣人的出现，人类社会能够老有所终，壮有所用，人与人之间讲究信用，和睦相处。同时，自然也会呈现出各种祥瑞，凤凰、麒麟、龟龙等。自

然与人和谐相处，天地万物生生不息。而这一切的出现，都是因为古代的圣人“循礼以达义，体信以达顺”。因此，礼是古代圣王顺成天地自然的本性来治理人类社会的工具。通过祭、丧、冠、礼等礼仪形式，体现天地无言的规则。礼仪从形式来看是一系列规则和要求，是外在的行为规范，但是从实质上看则是内在道德的外化，是圣人心中义与信的对象化表达。三皇五帝秉持礼法、遍施德行，承担着上天赋予的大义，百姓安居，自然和谐，因此天下普降祥瑞之兆。

圣人就是用礼来昭示天道伦常的。孔子在《孔子家语·礼运》中说：“夫礼之不同不丰不杀，所以持情而合危也。山者不使居川，渚者不使居原。用水火金木，饮食必时。冬合男女，春颁爵位，必当年德，皆所谓顺也。用民必顺，故无水旱昆虫之灾，民无凶饥妖孽之疾。天不爱其道，地不爱其宝，人不爱其情，是以天降甘露，地出醴泉，山出器车，河出马图，凤凰麒麟皆在郊棷，龟龙在宫沼。其余鸟兽及卵胎，皆可俯而窥也。则是无故，先王能循礼以达义，体信以达顺。此顺之实也。”在这里，孔子认为，圣王顺天时地利以及人情制定礼仪，人们就会安居乐业。在使用自然资源时，因材使用、因地制宜、不夺农时、体恤百姓，这样就没有各种灾荒。于是天地和谐，天降甘霖、地涌甘泉，自然界就会出现各种祥瑞。这是由于先王能够把种种天理人情加以制度化，又讲求诚信，才达到顺应天理人情啊。

孔子在评价帝喾时又提出：“仁而威，惠而信，以顺天地之义。知民所急，修身而天下服，取地之财而节用焉，抚教万民而诲利之，历日月之生朔而迎送之，明鬼神而敬事之。其色也和，其德也重，其动也时，其服也哀。春夏秋冬，育护天下。日月所照，风雨所至，莫不从化。”（《孔子家语·五帝德》）帝喾能顺天地之义，通晓天地之常理，关爱百姓且节用自然万物。而且，他的德行已经不仅限于“惠民”和“爱人”，其仁德所涉范围非常广泛，天下万物都在他的德行普照之下。因此，帝喾所承担的不仅是百姓圣君所为，而且超越了人类的关爱范围，把“日月所照，风雨所至”的一切都作为他的德行教化的对象，万物都能够感受到他的伟大。

在此基础上，孔子更加明确了圣人的责任，提出了“天地之教”的说法。这种“天地之教”要求人能够对天地自然万物进行观察和领悟，并从中明白事理。“天有四时者，春夏秋冬，风雨霜露，无非教也；地载神气，吐纳雷霆，流形庶物，无非教也。清明在躬，气志如神，有物将至，其兆必先。是故，天地之教与圣人相参。”（《孔子家语·问玉》）因此，圣人之职不仅在于治理和教化百姓，还在于顺应天地的法则，维护自然的生生不息，承担起生态责任。

三、“以仁义治天下”：《孟子》论生态主体的责任担当

孟子发扬了儒家的仁学思想，并以之宗圣。《孟子·告子上》曰：“故凡同类者，举相似也，何独至于人而疑之？圣人，与我同类者。”在孟子看来，仁的情感是可以向外推衍的，从自己的亲人到陌生人，都可以被仁爱之心所覆盖。“推恩足以保四海，

不推恩无以保妻子。古之人所以大过人者，无他焉，善推其所为而已矣。”（《孟子·梁惠王上》）君子要把自己的仁爱之心推广到别人身上。推广恩德足以安定天下，不推广恩德连自己的妻子儿女都保不了。对于生态环境，同样也要将仁德之心推而广之，从惠及草木鸟兽的过程中不断培养自己的仁爱意识，并承担起保护生态的责任。孟子对古代圣贤在自然山水中乐居的行为进行了高度评价。他引用《诗经·大雅·灵台》中描绘的文王与自然万物和谐相处并与民同乐的诗句，赞扬了文王的仁德。“王在灵囿，麀鹿攸伏，麀鹿濯濯，白鸟鹤鹤。王在灵沼，于牣鱼跃。”（《孟子·梁惠王上》）孟子又举了舜居深山时的例子，“舜之居深山之中，与木石居，与鹿豕游，其所以异于深山之野人者几希；及其闻一善言，见一善行，若决江河，沛然莫之能御也”（《孟子·尽心上》）。在这里，孟子高度评价了古代圣贤泽被万物的仁德，把仁爱之心推及自然。

孟子论述了从尧到周公的历史，描述了尧舜禹时代的社会状况。他认为社会的良好秩序和自然环境的健康发展与圣人的治理有密切的关系，圣人充分发挥了他们内在的德行，承担起了治理社会的历史使命，做出了卓越的生态贡献。孟子认为，尧舜禹三代圣君以仁治天下，国家从洪水横流、禽兽逼人终至太平。他说：“当尧之时，天下犹未平，洪水横流，泛滥于天下，草木畅茂，禽兽繁殖，五谷不登，禽兽逼人，兽蹄鸟迹之道交于中国。尧独忧之，举舜而敷治焉。”（《孟子·滕文公上》）后来，舜帝又让大禹治水，“当是时也，禹八年于外，三过其门而不入，虽欲耕，得乎”。由于人类逐渐战胜了自然灾害，并遵循自然的规律来治理自然，到了舜禹之时，“人得平土而居之”，“教民稼穑，树艺五谷”，于是出现了人与自然和谐相处的境况，人类的自然环境也发生了巨大的变化。而暴君治国会怎么样呢？孟子指出：“尧舜既没，圣人之道衰，暴君代作，坏宫室以为污池，民无所安息；弃田以为园囿，使民不得衣食。邪说暴行又作，园囿、污池、沛泽多而禽兽至。及纣之身，天下又大乱。”（《孟子·滕文公下》）暴君治国就出现“天下又大乱”的结果，不仅人的生产生活被破坏，而且自然生态也处于崩溃的状态。“园囿、洿池、沛泽多而禽兽至”，人与自然之间的和谐被打破，双方处于敌对的状态。直到“周公相武王诛纣，伐奄三年讨其君，驱飞廉于海隅而戮之，灭国者五十，驱虎、豹、犀、象而远之，天下大悦”（《孟子·滕文公下》）。由此可见，社会的治乱，自然的和谐与否，完全在于统治者是否贯彻了仁的理念，是否发挥了人心深处潜含的善端。所以，孟子提出：“人之所以异于禽兽者几希，庶民去之，君子存之。舜明于庶物，察于人伦，由仁义行，非行仁义也。”（《孟子·离娄下》）人与禽兽的区别只有很少的一点，即善端，而君子与普通人的不同之处就在于君子能够将“仁”的观念发扬光大。

四、“无为而无不为”：黄老思想中的生态责任观念

在齐鲁文化中，稷下黄老之学是一种重要的思想资源。其建立在对老子思想改造基础上的“无为而无不为”学说，对于生态责任理论的构建具有重要的借鉴意义。黄老道家的无为思

想与老子在天道观上尚自然、拙认识且抹杀人的能动性的观点是有所不同的，它把理论的重心从“无为”转向了“无不为”，既顺应天命又积极有为，重新梳理了天道自然与人道的关系。

黄老道家对“无为”的思想进行了重新界定，将“无为”的行为与“无不为”的结果联系起来。“无为”从听天由命转化为按照自然的客观规律办事，根据客观条件来进行实践，顺从天道、依据法则向前推进事物的发展，而不容许仅凭主观的判断进行活动。因此，“无为”在黄老这里就成了对人遵循客观规律与发挥能动性相统一的具体表述。黄老思想反对“塞而无为”而推崇“通而无为”。《淮南子》将原始道家主张的“寂然无声，漠然不动，引之不来，推之不往”的“无为”称为“塞而无为”，也就是被动、消极地无所作为；将自觉利用客观规律，并充分发挥人力的作用以改变自然和造福于人类的行动称为“通而无为”，亦即积极有为。《淮南子》认为人必须要按客观规律办事，要求“循理而举事，因资而立推自然之势，而曲故不得容者”。倘若“用己而背自然”，势必要受到规律的惩罚。《管子·形势》提出了同样的观点，“天不变其常，地不易其则，秋冬夏春不更其节，古今一也”。在这里，天是自然之天，自然的发展变化有其固有的规律。人面对自然变化应该体现出应天顺天的态度。“其功顺天者天助之，其功逆天者天违之。天之所助，虽小必大；天之所违，虽成必败。顺天者有其功，逆天者怀其凶，不可复振也。”因此，人在自然面前应当承担起顺天而为的生态责任。

在此基础上，管子提出了“人君天地”的主张。在他看来，人与天地自然的生成有相同的法则，都是以道而生、据德而成，不可违背和偏离之。而“道在天地之间也，其大无外，其小无内，故曰不远而难极也。虚之与人也无间”，“虚者，万物之始也”（《管子·心术上》）。人在天地之间应当效法道而为之。大道虚无无形，具有虚静的特性，故人与天地自然均承继道之虚静的特性，即“天主正，地主平，人主安静”（《管子·内业》）。“人君天地”的说法，明确了人的生态责任。人可以以自由意志认识自己和天地万物，但是应该在充分认识的基础上合理地控制人的欲念，并且确立人的主体地位与生态责任。“凡人之情，得所欲则乐，逢所恶则忧，此贵贱之所同有也。近之不能勿欲，远之不能勿忘，人情皆然，而好恶不同。”（《管子·禁藏》）诚然，人天生具有“趋利避害”的情性，欲望满足了就会欢喜，面临困境时就会忧患。但是面对自然万物，人的自然情性应该有一定的限度，人应该在天道规律之下合理地、积极地发挥自己的能动性。《管子》提出，人应该顺天之道而行，循地之理而动，尊重天地自然的内在规律，应该理智和谨慎地运用自由意志，合理规范自身行为。因此，作为“三才”之一的人，在自然的面前既不能消极以待，无所作为，也不能肆意妄为，逆天而行，而应把大道流行的规律内化为行事的道德素质，把人的主观能动性与上天赋予的责任统一起来。

第四节　仁心流布与现代生态关怀意识

如今，人类生存最大的威胁莫过于生态环境不断恶化和自然资源日渐枯竭，而这一危机产生的根源恰恰在于人类自身。长久以来，人类把自然界的存在物视为征服的对象，以发展的名义不断地将自然客体化和资源化，以冷漠的态度和工具化的思维去面对我们的生态环境，而直接后果就是人与自然将一起面临巨大的灾难，自然环境会越来越不适宜人类生存。改善生态环境需要新的、正确的观念，在这方面，齐鲁文化中仁爱好生、长养万物、勇于担当的生态观念能够给我们提供有益的思想资源。

首先，非人类中心主义的生态情怀。人类中心主义是西方文明自启蒙主义时期以来的主流思想。德国古典哲学家康德就提出了“人为自然立法”的观念，他说：“故悟性乃仅由比较现象以构成规律之能力以上之事物；其自身实为自然之立法者。”[①] 人类中心主义在工业革命前后对推动人类文明的进步起到了重要的作用，人掌握了对世界的改造能力，也就获得对于控制自然的绝对的自信。但19世纪以来，特别是进入20世纪，人类中心主义的过度膨胀导致传统的文明形态难以为继。1972年6月5日，在瑞典斯德哥尔摩召开的联合国人类环境会议上，人们终于坐下来反思日益严峻的环境问题，并思考人类对于自然的责任和义务。在

① ［德］康德：《纯粹理性批判》，蓝公武译，商务印书馆1995年版，第136页。

人类中心主义的模式中，人对于自然的态度是建立在实用和功利的基础之上的，并且会随着工业文明的不断发展，不断产生将自然资源化的欲望。齐鲁文化中人对自然的仁爱思想与人类中心主义的思想是相对的。自然万物在齐鲁思想家那里不是冷冰冰的客观存在对象，它们不仅仅是为人类提供生存和发展资源的能源库，亦是与人类命运息息相关的整体性存在。在齐鲁思想家的理论中，人与自然的关系，实际上已经成为人与人之间的关系，从而具有了非常丰富的道德内涵和伦理学意义。天文之象是人文之理的象征，人的个体发展需要从天地自然的整体中获得支持，天地生养与人生修养是一个统一的完整的过程等，这些思想都体现出齐鲁先哲对人与自然关系的思考，反映出人与自然在价值和情感上的高度统一。在齐鲁生态思想中，人类应将生存于其中的自然环境视为家园，把自然万物看作与自己同生共体的存在。人类不应该只从自然中获取，而应该在获得时懂得感恩与敬畏，以关爱人类的情感去对待自然环境。因此，我们应该重视齐鲁文化中人对自然的关怀意识和仁爱情感，并将其应用到当前中国生态文明的建设中来。

其次，善待万物的道德诉求。人对自然的道德情感是生态文明的重要因素，良好的生态道德给社会的可持续发展提供了观念和价值的支撑，能够培育良好的生产环境、生活环境、消费环境。近年来，我们在应对生态危机的过程中，较多地倚重科技、经济、法律等手段，而忽视了道德手段对于生态文明建设的重要意义。马克思主义伦理学认为，任何一种道德都是在特定的社会环境中形成的，一种道德最终能否为社会成员所接受，能否从观念转化为生活习惯和道德实践，关键在于它能否将社会伦理关系的实质反映出来，能否从道德的层面体现社会发展的本质。今天，生态文明建设迫切需要一种能够反映人与自然新型关系的道德模式，为我国现代化建设提供可持续发展的人文支持，使生态道德建设的社会需求不断高涨。道德不仅涉及人与人之间的行为规范，而且包含着人与自然之间的行为规范。在这一方面，齐鲁生态理论不仅提供了丰富的思想资源，而且提供了大量的实践经验。在齐鲁文化中，很多思想家都表达了尊重自然、善待自然的思想，要求人们通过对自我的约束和对自然的关爱去维护人与自然的和谐。在“德及禽兽”“仁厚及于鸟兽鱼虫”“仁民爱物”等论断中，我们都能看到在处理人与自然关系时的积极的道德选择，以及在人与自然发生利害冲突时人的自我约束。齐鲁文化中的生态道德观既是感性的，通过主动唤起人的生态良知去保持自身的道德诉求；又是理性的，是根据客观的社会需求和社会的可持续发展而提升出的道德选择。在这里，人对自然的道德情感已经超越了功利性的目的，也不完全是从生存的角度去思考人和自然的关系，而是从更高的层面，从人类总体发展的高度和个体精神修养的高度去反思人与自然，这其中所蕴含的观念意义和实践价值值得我们深思与借鉴。

最后，顺天有为的生态责任。马克思提出，应该将自然关系纳入社会关系，强调解决好社会关系才能更好地解决自然关系。“联合起来的生产者，将合理地调节他们和自然之间的物质变换，把它置于他们的共同控制之下，而不让它作为盲目的力量来统治自己；靠消耗最小的力量，在最无愧于和最适合于他们的人类本性的条件下来进行这种物质变换。”① 这段话中既包含了马克思的社会责任批判，又蕴含了生态责任的思想。今天，生态型社会的建立一方面是对协调人与自然物质平衡的基本责任，让物质变换符合自然规律和人类的本性；另一方面则是对过去人类对自然欠账的历史担当，是对生态环境恶化的一种回应。作为社会存在的一分子，每个个体都有相应的社会责任，作为自然养育的一分子，每个人都应该承担相应的生态责任。中国在生态文明的转向中非常重视对于自然环境的责任与担当。作为最大的发展中国家，中国有着更为迫切的发展需求，并且作为负责任的大国，中国不断强调坚持绿色发展、循环发展、低碳发展的意义与责任，这一点与齐鲁文化中的生态智慧遥相呼应。在齐鲁文化中，生态责任问题体现在不同的方面，儒家把承担生态责任视为行仁义、守善端的必要环节，也是判断一个人仁义与否的重要标志；而黄老则从“无为而无不为”的角度，把尊重、遵守自然规律和根据自然规律积极发挥人的主观能动性结合起来，认为人在天地之间就要有所担当。这些理论都切中了生态责任的基本问题，具有非常明确的现实指向。

① 《马克思恩格斯全集》(第25卷)，人民出版社1974年版，第926~927页。

第三章

物我交感

齐鲁文化非常看重人与自然的统一：物与我是一体的，在情感上又是相通的，自然与人应该和谐地统一在一起，相互之间流通贯彻，没有间隔。而这种相互沟通、相互和谐本身就是对生命的肯定。从字面意义上来分析，生态本来就是指生生的状态或者生命生生不息的状态，生命活动的运动不息、流变不止是生态存在的基础。只有生命力才能保证生物生存、成长，大自然作为一个具有旺盛的生命力的整体，要求其中的万物都要保持充盈的生命力，而且万物之间也要相互支撑，相互给予对方生命的动力。因此，物与我的交流是建立在自然与人的生命性的基础之上的。

当人们进入优美的自然环境时，常常会有一种令人振奋的生命体验充溢整个身心，这种自由的精神享受正如黑格尔所说，自然物本身“显现出的是自然的自由生命，这就在也具有生命的主体心里产生一种契合感；其次，客观事物的某些特殊情境可以在心灵中唤起一种情调，而这种情调与自然的情调是对应的。人可以体会自然的生命以及自然对灵魂和心情所发出的声音，所以人也可以在自然里感到很亲切”①。

以生命性为根基，人的自然生命与宇宙万物的生命具有内在的互通性，这是一种亲和的关系。“夫‘大人’者，与天地合其德，与日月合其明，与四时合其序，与鬼神合其吉凶。先天而天弗违，后天而奉天时。”（《周易·乾·文言传》）圣人所要做的一切不能违背天地自然的规则，要与天地、日月、四时相“合”，在内在的品德上要效法天地，在实践的过程中符合四时的安排。“与天地相似，故不违。知周乎万物而道济天下，故不过。旁行而不流，乐天知命，故不忧；安土敦乎仁，故能爱。”（《周易·系辞上》）既然人是自然的一部分，天地间万物同为一体，则万物就不再是与人无关痛痒的外在之物，“若夫至仁，则天地为一身，而天地之间，品物万形为四肢百体。夫人岂有视四肢百体而不爱者哉？……医书有以手足风顽谓之四体不仁，为其疾痛不以累其心故也。夫手足在我，而疾痛不与知焉，非不仁而何”（《二程遗书》卷第二上）？因此，自然就如同人的手足，人必须如爱护自己的手足般地爱护万物。人不仅要在功利的基础上尊重自然

① ［德］黑格尔：《美学》第3卷上册，朱光潜译，商务印书馆1979年版，第262页。

秩序和生命，维护整个生态系统的完整、平衡和稳定，而且还要关注自然与人之间的生命沟通，呵护每一个生命存在的权利，从而使万物各得其所、各获其生、各安其命，万物相和而不相碍，相养而不相害。

第一节　仁被万物与自然即道：齐鲁文化中的生态理想

生态理想的内涵以人与自然的和谐为核心内容，具有非常丰富的生态伦理内涵。伦理最初的含义仅仅涉及人与人、人与社会之间的关系，是调整人伦关系的道理和原则。但是生态理想超越了人伦的限制，把自然纳入伦理关怀的范围。从唯物论的观点来看，自然是先于人存在的客观的存在物，人一方面产生于自然，同时又具有与其他自然物不同的属人的特点。在马克思看来，人与自然的联系以及人与社会的联系构成了人的现实生活，构成了人的生存发展的基本状态。因此，人与自然的关系，本质还是人与人的关系，不同的哲学流派和伦理思想必然会影响到生态理想的具体内涵。在齐鲁文化中，不同的哲学流派，其基本的伦理观念和哲学诉求表现出较大的差异，因此不同哲学流派生态理想的图景会呈现不同的面貌。在齐鲁文化中，早期儒家和道家在处理人与自然的关系时就呈现出基本理念的冲突，但是殊途同归，不同的生态图景描绘出的都是人与自然和谐相处、天人共生共荣的美好世界。

一、仁被万物：儒家的生态理想

“仁”是儒家思想的核心观念，“德”是儒家学派的追求目标。儒家思想中的生态理想就是让人从天地之间获取仁德的源泉，使人人皆为圣贤，同时又要把有德的理念贯穿于整个宇宙，在处理人与自然的关系时让价值内化于无言的自然之中。《周易》一书就体现了将人类最高的伦理观念得之自然又返之自然的理论诉求。唐君毅在《中国文化之精神价值》一书中，曾探讨过《易经》所体现的“价值内在于自然万物之宇宙观”的论题，他提出“中国自然宇宙观之最大特征，吾人将以为在视自然本身为含美善之价值者。此亦《易经》思想之所涵，而为中国历代哲人之所承，与西方以往之思想最大不同之处”[①]。《周易·系辞上》曰：“夫《易》广矣大矣，以言乎远则不御，以言乎迩则静而正，以言乎天地之间则备矣。夫乾，其静也专，其动也直，是以大生焉；夫坤，其静也翕，其动也辟，是以广生焉。”在这里，“大生”与“广生”具有非常明确的生态理想的内涵。

在《周易》中，“大生”用以指称“乾卦”。以“大生”喻乾卦，借乾卦之义来描绘生态世界。即是说，生生不息的宇宙是一个自强不息、充满活力的动态的系统。在乾卦中，许多卦象都描绘了生态世界的理想状态。“龙德用九”可以喻示生命的进取

---

① 唐君毅：《中国文化之精神价值》，广西师范大学出版社 2005 年版，第 80 ~ 81 页。

精神。“动”之义取外界环境周流六虚，变化不居；“直”之义则喻宇宙万物亦应“直出直入”、不屈不挠，具有刚强博大的气魄。唯其如此，万物方能于宇宙间呈现出勃勃生机。在这里，通过乾卦我们可以看到一个完整的生动的生态景观。除了描绘生命的“生生不息”，乾卦还以卦象直观地揭示了天地自然循环往复的运行状态。如《周易·乾》之“用九，见群龙无首，吉”，即以“乾”之卦象比拟自然界的有机相联、循环往复之态：“乾卦”乃六爻皆阳，象征着群龙飞舞盘旋，循环往复，不见其首。这实际上是从某种程度上讲述了人与宇宙自然之间能量循环往复，生命律动不止的状态。因此，在乾卦中，宇宙生命彰显出生生不息、刚健有力的生命精神，显示出生命洪流之刚健，同时也表明了宇宙生命须臾不可脱离天人、乾坤、阴阳、刚柔、仁义循环往复的生态链条，需要在万物之间共生共存。《周易》以“广生”喻坤卦，借坤卦之意描绘生态世界“厚德载物”。自然孕育万物，赋予其生命，而且提供维持生命的一切资源，使之生存繁衍。人与万物莫不受惠于天地，仰受大自然的恩惠。因此，“坤厚载物”是对天生地养的伦理表达。从坤卦所表达的内涵来看，天地之大德主要体现在养育万物，万物赖大地以存，即谓“万物资生”；具有自敛含蓄的修养，所谓“含弘广大，品物咸亨”“至柔而动也刚”“至静而德方”等等，皆言大地（自然界）内敛、包容之功德；具有无私奉献之品格，所谓“地势坤，君子以厚德载物”，“坤也者，地也，万物皆致养也，故曰致役乎坤”，皆言大地奉献之德。《周易》将大地“承载万物”的高尚道德概括为“至哉坤元”“德合无疆”，也反映出顺应自然、并受大德、维护生态的生态愿景。

孔子赞扬了这种至高的生态境界，他曾经在领悟自然的光辉伟大时发出感慨，“天何言哉？四时行焉，百物生焉，天何言哉？”天虽不言，但是其“生生”之大德是普遍存在的，并且深藏于“四时”运行的天道规律及“百物”生长的自然法则之中。汉学家史华兹点评孔子“四时行，百物生”时指出：“我们已经注意到，依据他对天与四季之间关系的认识，和他对宇宙的生生不息过程的通见，孔子宁愿保持沉默。在这里，他似乎展望着这样的人类秩序：与无思无虑而又天真自发的自然秩序相伴运行。的确，《论语》的大部分内容都把注意力集中在目标明确而又清醒自觉的人为努力方面，这种努力以人类的道德为中介。但孔子也敏锐地意识到，正是在由人类自觉的目的支配的领域，人类走上了歧途。实际上，他梦想着这样一种国度：在那里，好的社会风尚体现于毋须反思的习惯性行为之中。人类的行为要与大自然的神秘韵律相互呼应。”[①] 在孔子的理想中，天道运行本身既具有自然而然的本性，同时又具有化生万物的品行。如果人能够效法自然，顺天协变，不仅人自己能够得到道德的生化，而且能护育万物，保护自然环境。“孔子观于东流之水。子贡问曰：‘君子所见大水，必观焉，何也？’孔子对曰：‘以其不息，且遍与诸生而不为也，夫水似乎德；其流也，则卑下倨邑，必修其理，此似义；浩浩乎无屈尽之期，此

① ［美］本杰明·史华兹：《古代中国的思想世界》，程刚译，江苏人民出版社 2004 年版，第 197 页。

似道；流行赴百仞之溪而不惧，此似勇；至量必平之，此似法；盛而不求概，此似正；绰约微达，此似察；发源必东，此似志；以出以入，万物就以化洁，此似善化也。水之德有若此，是故君子见必观焉。'”（《孔子家语·三恕第九》）在水的这些表现中，我们看到了水的德行、志向和情义。水奔流不息，没有一定的形状，穿山岩、凿石壁，从无惧色。水就像善施教化，万物入水，都能荡涤污垢。因此，孔子非常钦羡大自然的造化给人们所带来的物质和精神上的享受。

二、“自然即道”：道家的生态理想

在道家思想中，“自然”是一个非常重要的概念，它不仅指客观的自然环境，而且指一种生命境界和生存理想。在这里，道家的生态理想与儒家刚健有为、德被万物的理想境界具有很大的不同。它更加强调“无为”，与人刻意的“有为”相对，即使这种“有为”是尊重自然、顺应自然的。在道家思想中，“道法自然”是其精华所在，也是其生态理想的核心观念，它指向宇宙自然之道，注重取法于天道，遵循自然之大性，顺其自然而成其自然。老子说：“人法地，地法天，天法道，道法自然。”（《道德经》第二十五章）道作为万物之本原为“万物之宗”，是“天下母”，不依赖于任何事物存在，它生成万物，滋养万物，人和天地万物都依赖道而存在。同时，道化育万物又是无意识、无目的的，其生养万物只是顺应了自然之本性，而从不以任何方式干预和介入万物生成的过程。庄子在《大宗师》

中有言："吾师乎，齑万物而不为义，泽及万世而不为仁，长于上古而不为老，覆载天地，刻雕众形而不为巧。"道生天地阴阳，阴阳和合而生万物，人在天地生成的过程中应该遵守自然的法则，而不是以有为的姿态介入其中。老子多次强调这种无为的观点。"万物作焉而不辞，生而不有，为而不恃，功成而弗居。"（《道德经·第二章》）"生之、畜之，生而不有，为而不恃，长而不宰，是谓玄德。"（《道德经·第十章》）老子赞颂智识未开的赤子："含德之厚，比于赤子。蜂虿虺蛇不螫，猛兽不据，玃鸟不搏。骨弱筋柔而握固。"（《道德经》第五十五章）他认为含德之厚者和赤子一样，都处于一种自然状态，他们看起来很柔弱，却蕴含着无限的生命力。庄子对"自然"状态有相似的理解，他认为自然界有其自身的客观规律："天地固有常矣，日月固有明矣，星辰固有列矣，禽兽固有群矣，树木固有立矣。"（《庄子·外篇·天道》）他把人与自然的和谐视为"大本大宗"："夫明白于天地之德者，此之谓大本大宗，与天和者也；所以均调天下，与人和者也。与人和者，谓之人乐；与天和者，谓之天乐。"（《庄子·外篇·天道》）英国现代生物化学家、汉学家、科学史专家李约瑟的看法是比较准确而且深刻的，他指出："就早期原始科学的道家哲学而言，'无为'的意思就是'不做违反自然的活动'（refraining from activity contrary to nature），亦即不固执地要违反事物的本性，不强使物质材料完成它们所不适合的功能；在人事方面，当有识之士已能够看到必归于失败时，以及用更巧妙的说服方法或简单的听其自然倒会得到所期望的结果时，就不去勉强从事。”①

受“法自然”思想的影响，道家非常珍爱自然之美，珍惜与呵护未经人类染指的原生态的自然环境，这就是其所向往的生态理想的状态。人本来就是大自然的产物，只有与大自然融合在一起才能体会到真正的自由和满足。庄子曾就人为与否和惠子辩论：“惠子谓庄子曰：‘吾有大树，人谓之樗。其大本拥肿而不中绳墨，其小枝卷曲而不中规矩。立之途，匠者不顾。’”庄子回答说：“今子有大树，患其无用，何不树之于无何有之乡、广莫之野，彷徨乎无为其侧，逍遥乎寝卧其下。”（《庄子·逍遥游》）惠子以“有用”的观点看待一切事物，以为只有合乎规矩绳墨的树木才称得上木材，才具有价值。庄子批评他是“有蓬之心”。在庄子看来，人类应该以自由的心态去欣赏大自然，从非功利的角度来说，人的生活是丰富多彩的，人存在的意义是多元的，这才是人真正应该追求的生活，也是人和自然相处的和谐状态。道家始终认为人生的真正目的和意义在于实现“本我”“真我”，在于实现逍遥自由的理想生活方式。而现实社会却处处以功利的尺度衡量一切，人类与自然存在的本真状态被掩盖，世界将会在人的利益争夺和资源破坏中陷入危机。“其致之也，谓天无以清将恐裂，地无以宁将恐废？神无以灵将恐歇，谷无以盈将恐竭，万物无以生将恐灭，侯王无以为正将恐蹶。”（《道德经》第三十九章）在老子看来，如果与道相逆而行，自然和人类社会都将遭到

① ［英］李约瑟：《中国科学技术史》第二卷，《科学思想史》，何兆武等译，科学出版社、上海古籍出版社1990年版，第76页。

毁灭性的破坏。

在对“道法自然”理解的基础上，老子提出了理想的生态社会。他说：“小国寡民，使有什伯之器而不用，使民重死而不远徙。虽有舟舆，无所乘之；虽有甲兵，无所陈之；使人复结绳而用之。甘其食，美其服，安其居，乐其俗。邻国相望，鸡犬之声相闻，民至老死不相往来。”（《道德经·第八十章》）这就是老子所描绘的理想社会，它反映了中国古代社会自给自足的生活方式。这种单纯的、质朴的社会，是对古代简单自然的生存方式的追怀，也是对天人和谐境界的追求。“故至德之世，其行填填，其视颠颠。当是时也，山无蹊隧，泽无舟梁；万物群生，连属其乡；禽兽成群，草木遂长。是故禽兽可系羁而游，乌鹊之巢可攀援而窥。夫至德之世，同与禽兽居，族与万物并，恶乎知君子小人哉！”（《庄子·马蹄》）在庄子看来，这就是所谓的至德之世，是一种和谐、淳朴、自然、浑整的生态世界。在这幅图景中，人与物两相无害，两相无碍，共同繁衍发展，充分享受万物并育而不悖的快乐。和老子一样，庄子也期待回归人类启蒙之原点，他为我们描述了这样一个理想的生态境界：“古之人，在混芒之中，与一世而得澹漠焉。当是时也，阴阳和静，鬼神不扰，四时得节，万物不伤，群生不夭，人虽有知，无所用之，此之谓至一。当是时也，莫之为而常自然。”（《庄子·缮性》）道家在这里为我们提供了一个近乎完美的理想生态境界，人与自然各得其所，人和社会的一切都融合在了自然的循环中。虽然从时代发展的角度来看，道家的生态理想过于缥缈，没有发展和辩证地看待人类社会进程中出现的必然现象，但是其所描述的理想的境界却是值得我们回味与反思的。

第二节　物我交感：人的生态与自然的生态的统一

“物我交感”最早的表述见于《尚书·洪范》。“庶征：曰雨、曰旸、曰燠，曰寒，曰风。曰时五者来备，各以其叙，庶草蕃庑。一极备，凶；一极无，凶。曰休征：曰肃，时雨若；曰咎征：曰狂，恒雨若；曰王省惟岁，卿士惟月，师尹惟日。岁月、日时无易，百谷用成，乂用明，俊民用章，家用平康。”在这里，自然并不直接影响人事，而是通过各种征兆来表达上天的意见。无论是下雨、天晴、温暖、寒冷还是刮风，都是上天给予人间的指示。如果这五种征兆俱全，并各自按时序发生，那么各种草木庄稼就会茂盛生长。人可以通过不同的征兆来感应上天，把不同的自然现象和自然事物同政治和民生相互关联起来，通过自然发展变化的现象去感应政治和民生等人事的吉凶祸福和发展方向。齐鲁先民相信自然与人事之间存在着必然的联系，可以通过占卜等方式来感应两者之间的关系。他们往往根据某种自然现象的出现是否合乎常理，或者各种自然现象的顺序是否出现了异常，来判断政治事务，并做出决定和选择。

一、物我交感

孔子在《春秋》中发展了通过灾异论述天道的传统。对于《春秋》所载鲁僖公十五年九月发生的“震夷伯之庙”，《公羊传·僖公》说：“震之者何？雷电击夷伯之庙者也。”“曷为大之？天戒之，故大之也。”这里明确了夷伯之庙之所以受到雷电击，是受到了上天的惩戒。此外，宣公十五年《春秋》记：“冬，蝝生。”《公羊传·宣公十五年》传曰：“上变古易常，应是而有天灾。其诸则宜于此焉变矣！”这是通过自然的灾异来暗讽当时的变革。鲁宣公推行“初税亩”，改变了旧的制度，在《春秋》看来，这就是改变了天行之常，上天就要降下祸患。因此，《公羊传》说：“应是而有天灾”，这显然是一种天人感应之说。对于此，陆贾于《新语·术事》篇说：“故性藏于人，则气达于天，纤微浩大，下学上达，事以类相从，声以音相应。”自然环境与人之间存在着关联，人凭借气之流动获得上天的眷顾，而且同类相从、同音相应，天人之际相互感应。

西汉时董仲舒发展了《公羊传》天道灾异说，并把它发展和引申为“天人感应”之说，进一步丰富了物我交感的思想。他“以春秋灾异之变推阴阳所以错行”（《汉书·董仲舒传》），继承了《公羊传》中的灾异说。董仲舒在给汉武帝的对策中提出：“臣谨案春秋之中，视前世已行之事，以观天人相与之际，甚可畏也。国家将有失道之败，而天乃先出灾害以谴告之；不知自省，又出怪异以警惧之；尚不知变，而伤败乃至。以此见天心之仁爱人君而欲止其乱也。……及至后世，淫佚衰微，不能统理群生，诸侯背畔，残贼良民以争壤土，废德教而任刑罚。刑罚不中，则生邪气；邪气积于下，怨恶畜于上。上下不和，则阴阳缪盭而妖孽生矣。此灾异所缘而起也。”（《汉书·董仲舒传》）董仲舒发扬了《春秋》中穷天人之变的精神，提出天和人同类相通，相互感应，天能干预人事，人亦能感应上天。天是高于世间一切的神，董仲舒认为如果天子违背了天意，不行仁政，不遵法度，上天就会通过各种自然的灾异现象进行警示和责罚；如果政通人和，遵循天道，上天就会降下祥瑞以示鼓励。董仲舒所谓天道、天气、天地、天意、天数，经常融入自然规律、封建伦理和儒家学说。他提出：“天不重与，有角不得有上齿，故已有大者，不得有小者，天数也。夫已有大者，又兼小者，天不能足之，况人乎？故明圣者象天所为为制度，使诸有大奉禄，亦皆不得兼小利、与民争利业，乃天理也。”（《春秋繁露·度制》）这里讲的“天数”是自然规律，讲的“天理”是社会法则。神性的天最重要的功能是能与天子产生精神感应。“天地人，万物之本也。天生之，地养之，人成之。天生之以孝悌，地养之以衣食，人成之以礼乐，三者相为手足，合以成体，不可一无也。”（《春秋繁露·立元神》）董仲舒还提出了受到宇宙自然的影响，人的伦理观念也会相应地产生的观点。如仁和贪这两种对立的伦理观念，就是产生于不同的天人感应。在《春秋繁露·深察名号》中提出：“人之诚，有贪有仁。仁、贪之气，两在于身。身之名，取诸天。天两有阴阳之施，身亦两有贪、仁之性。”在“天人感应”的基础上，董仲舒以家国天下的情怀，继承了先秦儒家有关理想社会之构想，并且提出了他心目中的理想社会的美好图景：“受命之君，天意之所予也，故号为天子者，宜视天如父，事天以孝道也；……号为大夫者，宜厚其忠信，敦其礼仪，使善大于匹夫之义，足以化也”（《春秋繁露·深察名号》）物感论把人与宇宙万物看成息息相关的一个有机生命整体，天地自然的每一个存在物都与人息息相通。人与天地万象之间“莫非己也”，相互交感、物我同一。圣人能够在体味天地之大德的基础上，尽其所能地融身于宇宙大化之中，感受天地的法则，在社会人生之中履行自己的天命，完成自己的职责。所以圣人在社会中就应效法天地之心，与其无私生化万物相对应，在社会中无私地教化众人，使之向善，与之共同成就人生的美好，进而促成整个社会与宇宙的有序和通泰，而社会人生与宇宙万象之生意之和谐之理想实寄托于此。

二、天人一气

在齐鲁文化中，“气论”思想是“天人合一”观念的有机组成部分。通过研究《管子》《孟子》以及黄老和墨家思想等，我们都可以发现元气生天地、天地生万物的观点。“气”为天地生成的根源，又是天人交感、物我感应的中介，它把天地人都纳入一个整体，使之构成宇宙气化生成的不同的阶段，相反相成，循环往复，而其中的理论根基则是主客相容、天人合一、心物同化。在天人统一于气的哲学共识中，人与自然没有本质的区别，二者不仅在物质上互通互化，在精神上也相互感应，一切都是天地之气阴阳、动静、刚柔、清浊、散居等对立统一的结果。

《管子》以“精气说”，倡导天地的物质性，在《管子·白心》中说：“天或维之，地或载之。天莫之维则天以坠矣，地莫之载则地以沉矣。夫天不坠，地不沉，夫或维而载之也夫。”天地都是物质的，而精气则是物质的本源。精气论提出，气是构成万物的基本材料。“凡物之精，比则为生。下生五谷，上为列星。流于天地之间，谓之鬼神。藏于胸中，谓之圣人。”（《管子·内业》）万物“有气则生，无气则死，生者以其气”（《管子·枢言》）。气不仅是构成万物的材料，还是天地万物功能和属性的总根源。所以《管子·白心》说：“道者，一人用之，不闻有余；天下行之，不闻不足。此谓道矣。小取焉则小得福，大取焉则大得福，尽行之而天下服。”这种精气又可称为“道”，它变化万端，能放出耀眼的光芒，又能隐藏于幽远之境，具有润及万物的柔和品性，又有高不可及的威力。在世界因“精气”而一体的前提下，《管子》提出了形神的理论，并且对物我交感提出了见解，认为精神现象也是由精气产生的。《管子·心术上》说：“世人之所职者精也。去欲则宣，宣则静矣。静则精，精则独立矣。独则明，明则神矣。神者至贵也……”人所秉持的就是精气，物质是精气所生，而思想、智慧和精神也是由精气生成。因此，在《管子》这里，天地万物都由“气”而化生，都因“气”而沟通，这就为人与自然之间的交感互生提供了理论依据。

稷下阴阳家邹衍从五行之气推衍出五行之德，提出了“五行终始说”。由五行而为五德，由五行相胜而为五德终始。他认为人类社会的发展变化与天地之间的气化运动相互影响，天下政权的更替从根本上源自于五行之气的相互影响。《七略》云："邹子有终始五德，从所不胜，木德继之，金德次之，火德次之，水德次之。"

孟子从道德伦理性的自我构建出发，提出了"养气"的理论。《孟子·公孙丑上》中提出："'我知言，我善养吾浩然之气。''敢问何谓浩然之气?'曰：'难言也。其为气也，至大至刚，以直养而无害，则塞于天地之间。其为气也，配义与道；无是，馁也。是集义所生者，非义袭而取之也。行有不慊于心，则馁矣。我故曰，告子未尝知义，以其外之也。必有事焉，而勿正，心勿忘，勿助长也。'"在这里，浩然之气主要是指以人的善为基础的道德感情，而养人浩然之气，就是培养人的道德情感和道德情操。"孟子显然是揣摩过《心术》《内业》《白心》这几篇重要作品的。只是孟子袭取了来，稍为改造了一下。"① 孟子所谓"人之有是四端也，犹其有四体也。……凡有四端于我者，知皆扩而充之矣，若火之始然，泉之始达。苟能充之，足以保四海"(《孟子·公孙丑上》)。孟子讲的浩然之气，不仅是精神之气，而且也是一种物质之气；用义与道养浩然之气，被认为是道德修养的方法，也是集天地之精神于人的修养方式。他认为气一而动，浩然之气充塞于天地之间，要通过配义与道，实现与天地的沟通。在孟子看来，天地精气的获得，是集义所生，是对天地大道的一种德性体认。人格的养成，需要集天地精气，气一而动志，

① 郭沫若:《十批判书》,东方出版社 1996 年版,第 166 页。

在天地精气的感化之下，充盈于体内。而讲义和道，则是浩然之气养成的必由之路。在这里，孟子肯定了人和自然是一体的，是人的内在德行修养的前提。在此基础上，孟子提出“万物皆备于我矣”（《孟子·尽心上》），追求人与天地万物和合为一的至高境界。

墨家的气论虽然更多地谈论人类社会的治乱问题，但是也体现了天人交感和以物观人、依物察事的内容，在中国古典哲学中具有重要的地位。在反映天人关系方面，墨家气论一方面认为气具有物质的特点，是细微、精粹的物质，这一点与管子的精气说非常相似；另一方面，气又是弥漫在天地之间、至大至刚的精神力量。气既具有形而下的物质属性，又具有形而上的精神属性。气一方面充斥天地之间，是化生万物的总根源，另一方面又是人类社会实践得以凭附的重要依据。墨家的卜筮学说就体现出天人相和、物我交感的特征。墨子在《迎敌祠》中探讨了“望气”的理论，认为在自然之气的形态中，人们可以观察到人事的活动，并进行下一步实践活动的安排。“凡望气，有大将气，有小将气，有往气，有来气，有败气，能得明此者可知成败、吉凶。举巫、医、卜有所长，具药宫之，善为舍。”（《墨子·迎敌祠》）城池被围困之时，守城主将会让卜者与巫者“望气”，随时观察云气的变化从而获知敌情。而“望气者”不能泄露天机，不能把不利于鼓舞士气的征兆告知士兵和百姓。“巫、祝、史与望气者必以善言告民，以请报守上，守独知其请而已。无与望气妄为不善言惊恐民，断勿赦。”（《墨子·号令》）因此，在墨家这里，人可以通过占卜的方式把作为自然物的云气与吉凶祸福联系起来，从而推测人事、判断政令。墨子已经把“气”作为统摄和解释宇宙万象生成、运动和变化的内在根源。通过“气”这一媒介，自然和人事贯通一气，从而确保了人与自然的和谐沟通。

第三节　同情同构：人与自然相生相和

“和”这个概念蕴含着中国传统文化的精髓，也是齐鲁文化的核心要义。从生态的角度思考“和”，它透露出天、地、人之间的和谐关系，是建立在整体论的基础上把自然和人看作一个统一而完整的生命体。西方深层生态学在讲述人和自然的关系时强调，只有人与自然处于和谐的状态，人与自身、人与环境、人与整个社会的关系处理好了，相互之间没有尖锐的矛盾，这种状态才是生态的。人的自我认识的过程是人类自身与自然推进的过程，实际上是人不断反省自我，不断突破“类”的局限的过程。从本原上讲，人和自然不是分离的，人的自我确认需要在整体存在体系中才能实现。这里的整体体系不仅是指人与整个社会的关系，而且包含了人在天地之间所处的位置以及他对待自然和社会的态度。今天我们在天人相分的道路上已经走得太远，掠夺自然固然给我们带来了物质上的繁荣，但是这种繁荣是不可持续的，竭泽而渔的发展模式无论对人还是自然来说都是非常危险的。因此，回归传统文化，反思其中所推崇和褒扬的人与自然和谐相处的思想，或可为当前我们面临的生态危机、生存危机找到解决的良方。

一、“天人合一”与天人相和

中国传统文化重合而不重分。在中国哲学中，对于任何自然的关系虽然也有诸如“知天命而用之”“明于天人之分”“天人交相胜”等观点，但是这些思想并非主流，或者只是一些阶段性的思想。在中国传统思想中占据主流地位的是“天人合一”“民胞物与”“性天相通”“辅相参赞”等思想。在这些思想中，天人关系是和谐的，相互依存且息息相关。在“和”的概念中，“天人合一”的思想突出表现了其中的内涵，从生态的意义上，强调自然天道与人的实践活动和谐统一。孟子提出：“尽其心者，知其性也。知其性，则知天矣。”（《孟子·尽心上》）也就是说，人的心、性与天从根本上是统一的，尽心、知性和知天一理贯之。《中庸》讲“致中和，天地位焉，万物育焉”，“中和”既是德行的培养，又是人的行动实践的呈现，只有通过致中和的实践，人才能承担起天地赋予的使命，让自然万物各归其位，让天下生灵获得生生的动力。这种“天人一体”“天人合一”的精神让中国古人充分体会到人和自然是相互依赖的，因此儒家认为，人应该对自然和自己有所为，对于自然万物应尽物之性，对于人应该节制欲望。在这里，天人的关系已经内化到人的德行修养之中，人对于自然从功利性的保护上升为道德性的生态伦理。荀子在《荀子·天论》中指出：“万物各得其和以生，各得其养以成。”他虽然主张“天人相分”，但是相分是职分的明确，从本质上他还是强调天地万物的和谐统一，正所谓“人体虽小，暗含天地，天地犹如人体，人体浓缩天地，乃至于天地与人同心。”在荀子看来，天地自然和人的身体一样，是有生命的，不仅是万物生命的本源，而且也是礼的根源。人与自然彼此相通相生，和合为一个整体。保护天地万物之完好即是保护人自己，损害自然万物之生态即损伤人自身。所以人应努力追求与天地相和的和谐的理想状态，这就是中国古典哲学所始终追求的“天人合一”的境界。

“天人合一”这种追求人与自然和谐的观念，体现在人的具体的实践活动中，就是要求人类尊重自然规律，按照自然的法则行人事，以仁爱的观念保护自然，而不是去破坏它。人是自然界生命的承担者与呵护者，这是上天赋予的角色。《周易·系辞上》中说：“天地之大德曰生”，“继之者善也，成之者性也”。就是说，天地自然生生不已，其显现的乃是天地的大德，这种至高的道德只有通过人参与到世界之大化流行的进程之中，才能将德化而为善，成为人类社会的德行。因此，人的善需要以自然界与人高度统一为前提，同时也是人顺天而为呈现的必然结果。一个富有德性的人，有仁爱之心的人，能够自觉地将受之于天地的德以善行推衍到万物之中，对自然界的万物便能自觉地爱护。“能尽其性，则能尽人之性；能尽人之性，则能尽物之性；能尽物之性，则可以赞天地之化育；可以赞天地之化育，则可以与天地参矣。”（《中庸·至诚可参天地》）在人与天和的过程中，人需要尽自己的仁德和诚心，并由“尽人之性”到“尽物之性”，再到“赞天地之化育”“与天地参矣”，尽人的“本职”之责。这样就可以完成自然界赋予的责任和使命，实践自然界的“生生之德”或“生生之道”“生生之理”。

二、“礼之用，和为贵”

“和”，异体为“龢”，而“龢”为形声字，从龠，禾声。“龠”中有三个口，意为多口发声，众口齐鸣。因此，从本义上看，和就是指多人一起吹奏乐器，节奏一致，旋律和谐。《仪礼》记载：“三笙一和而成声。”也就是说：三个人吹笙，一个人吹和声相和成乐。和声要比主乐调声音小。“和”具体到人事，则可被引申为和谐、和睦、和顺、调和、祥和等意义。后又发展为天、地、人之间的协调统一。《国语·周语下》言，“乐和则谐，政和则平”。音乐能够合拍，声音就会和谐动听；政策和顺，社会就会出现和平。“和”的概念早在《尚书》《诗经》《国语》等文献中就已经出现。如《尚书》中，尧帝、周公等人提出了“协和万邦”“和恒四方民”的主张。《尚书·盘庚》曰：“汝分猷念以相从，各设中于乃心。”所谓“设中于乃心”，是盘庚告诫部众要把他的统治权威时时放在心上，因此每个人的行为要不偏不倚、规规矩矩，各设中于心，谋念以和。《周易·中孚》中描述了这种美好的场景：“鸣鹤在阴，其子和之，我有好爵，吾与尔靡之。”一只鹤鸟在树荫下鸣叫，其他的鸟儿声声鸣叫相应和，这是一幅充满诗意的生态图景，表现了自然之中的和谐。史伯在《国语·郑语》中提出：“夫和实生物，同则不继。以他平他谓之和，故能丰长而物归之；若以同裨同，尽乃弃矣。”“和”是不同元素的结合，不同和差别是“和”的前提。把许多不同的事物结合在一起，使它们相互平衡，相互支持才能和谐。而不同的事物相互和谐才是万物生生的道理。这样的“和”才能长久，因“和”而成的物才能具有旺盛的生命力。

和在儒家思想中，体现于各个层面，贵德重礼所表达的是人的群体性行为；“修己”“修身”，强调的是人格的和谐；“天人合一”，追求的是人与自然的和谐，等等。儒家不仅倡导和的观念，而且把“和”与礼的制度联系起来。儒家强调“克己复礼”，而“礼”的具体实践应该遵循、体现“和”的伦理原则。同时“礼”与“和”又是相互影响的。一方面，“礼”的使用需要遵循“和”的标准；另一方面，“和”的情感和观念又需要由“礼”来具体化和规范。和谐的德性自然流露，这就是“礼”所要达到的最终的目的。孔子认为，礼的推行和应用要以和谐为贵。《论语·学而》中指出：“礼之用，和为贵。先王之道，斯为美。”意思是说，礼的应用，当以和谐为最高的标准，尧、舜、禹、汤、文王等圣明君王治理国家，就是通过礼法的使用而实现天下的和谐。孔子所倡导的礼，其实质就是以和谐的标准规范个人举止言行的标尺，以及人与社会群体相处的方式。在《论语·八佾》中，孔子评价《关雎》“乐而不淫，哀而不伤”，意思是《关雎》这首诗，快乐却不是没有节制，悲哀却不至于过于悲伤。从此奠定了儒家“中和”说的基础。中和之美不仅是儒家学派衡量诗歌好坏的重要尺度，还贯穿在有关处理人与自然、人与社会、人与自身关系的重要思想中。孔子在这里主张的“和”，是和谐、和合的意思。《中庸》中有语，“和也者，天下之达道也”，意思是说，“和”是天下最普遍的准则。

孟子说：“天时不如地利，地利不如人和。”这里的“人和”，其实是指政令上下一致而得民心，人与人之间团结和睦。荀子把“礼”看作“人道之极”，看作维系社会等级秩序和统治法规的核心。他说：“故绳者，直之至；衡者，平之至；规矩者，方圆之至；礼者，人道之极也。”（《荀子·礼论》）同时指出：“《礼》者，法之大分、类之纲纪也，故学至乎《礼》而止矣。夫是之谓道德之极。”（《荀子·劝学》）“礼”的核心是保证社会群体“群而有分”，是君王治理的依据，是人与人相处的尺度。“礼”虽为“人道”的规范，但是“礼”之本在于“天”。“礼有三本：天地者，生之本也；先祖者，类之本也；君师者，治之本也”，即“上事天，下事地，尊先祖而隆君师”（《荀子·礼论》）。因此，外在的“礼”与内在的“德”是一致的，人尊“礼”而行实际上就是师法自然规律处理人事。荀子依“天”立“礼”，以“礼”修“德”，“天”“人”通过“礼”的媒介结合与沟通，实现了“天人合一”。此外《荀子·王制》对人际关系的和谐做了进一步的论证，并且把人与人之间的和谐与天地万物的健康生长联系起来。“人有气，有生，有知，亦且有义，故最为天下贵也。力不若牛，走不若马，而牛马为用，何也？曰：人能群，彼不能群也。人何以能群？曰：分。分何以能行？曰：义。故义以分则和，和则一，一则多力，多力则强，强则胜物，故宫室可得而居也。……故人生不能无群，群而无分则争，争则乱，乱则离，离则弱，弱则不能胜物，故宫室不可得而居也。……群道当则万物皆得其宜，六畜则得其长，群生则得其命。”因此，人类群体的和谐是人类能够战胜万物的保障，而要做到这一点首先要求人类自身必须和谐。荀子非常重视群体的和谐，强调每个人都要妥善处理个人与他人的关系，礼制虽然带来了人的差别，但不应造成人们之间的疏离与对抗，而应在差别中形成一种和谐关系。

三、致中和

中国古代的“中和”思想传达了生态世界动态和谐的观点。“中和”的内涵不是静态的和谐，而是动态的生成状态。《礼记·中庸》中说：“中也者，天下之大本也；和也者，天下之达道也。致中和，天地位焉，万物育焉。”天地化生万物，万物生长繁衍都是依靠“致中和”的力量，君子要秉持“中和”的态度去维护天地自然的秩序。《淮南子·本经训》说：“天地之合和，阴阳之陶化万物。”《淮南子·天文训》还说：“道始于一，一而不生，故分而为阴阳，阴阳和合而万物生。”在这里，生态之变化以及推动万物构合转化的依据正在于“和”的力量。因为“和”本身就是以多样性的和谐统一为前提的，生命之所以能够生成、生长，就在于在确保了其多样性和共生性的前提下，呈现出的创生性和再生性。在《礼记》中，“和”也成为自然世界不断创生的前提，唯有“和”才能让万物生成和生长，而“乐”能够将百物化生的力量体现出来。“乐者，天地之和也；礼者，天地之序也。和，故百物皆化；序，故群物皆别。”（《礼记·乐记》）《乐记》对作为万物化生依凭的“和”有一段形象的描述：“地气上齐，天气下降。阴阳相摩，天地相荡。鼓之以雷霆，奋之以风雨，动之以四时，暖之以日月，而百化兴焉。如此，则乐者天地之和也。”乐作为自然界本质的体现，它不仅应该而且必然是和谐的。乐与自然界秩序性达到统一，则表现为和谐，相反，如果它背离了自然界的本质，则表现为失调或失和。

我国古人对于“中和”的向往和追求，始终与天地自然的相生相和紧密结合在一起，包括对各种自然运行的节律，如季节的更替、日月昼夜的转换等，都能够以“中和”的理论进行把握。董仲舒曾提出：“天有两和，以成二中，岁立其中，用之无穷。”（《春秋繁露·循天之道》）这里的“两和”指春分、秋分，而“二中”则指冬至和夏至，这些节气年复一年地循环往复，守时岁之中，体现出自然万物生命的恒久。董仲舒还认为：“起之，不至于和之所不能生；养长之，不至于和之所不能成。成于和，生必和也；始于中，止必中也。中者，天下之所终始也；而和者，天地之所生成也。夫德莫大于和，而道莫正于中。中者，天地之美达理也，圣人之所保守也。”（《春秋繁露·循天之道》）在这里，董仲舒明确了“和”与天地生成、万物养成的关系。从生态的角度来解读，“中”实质上是生命的生成和终止的节律，但是这种节律却是天地自然循环往复、生生不息的运动和生命不断生发、创生的过程。中国传统文化讲致中和，要寻求天地万物生存的至理。这就要求人能够深切地体验自然生动的过程，在自然对象之中发现生命的律动，感受自然生态之和谐，让人在生生不息的节律中得到生命的彰显，得到心灵的升华。

第四节　物我交感与绿色发展的生态理念

未来，人类需要突破工业社会长期形成的狭隘的自然观，建立容纳人类社会和自然环境的宏观的自然观念。在党的十八届五中全会上，习近平同志提出创新、协调、绿色、开放、共享五大发展理念，将绿色发展作为关系我国发展全局的一个重要理念。习近平总书记曾深刻指出："绿色发展，就其要义来讲，是要解决好人与自然和谐共生问题。人类发展活动必须尊重自然、顺应自然、保护自然，否则就会遭到大自然的报复，这个规律谁也无法抗拒。"绿色发展是生态文明建设的内在要求，也是保持人类社会健康发展的合理发展模式。目前，我国处于全面建成小康社会的关键阶段，经济、政治、文化等各个方面都面临转型，这就要求我们吸收各方面的思想资源，为生态文明的转向提供有益的支持。齐鲁文化的生态智慧中富含绿色发展的思想，其中"物我交感"的思维模式和生存模式就是很好的例证。

首先，以人与自然和谐共生、相互支持的生态理想为思想导向和价值依据。随着传统社会经济增长方式的转变，未来社会的发展模式成为人们关注的重点。从高耗能向低碳发展，从高投入向循环发展，这些不同的转型升级类型不仅透露出未来的发展趋势，而且显现出绿色发展的生态理念。人与自然和谐共生的生态理想的确立，是以树立正确的社会发展观为前提，对未来和谐美好的社会形态进行谋划和描绘的。在绿色发展观中，人与自然的和谐就是最终的生态理想，也是生态文明建设的一盏明灯。人和自然都是自然整体的有机组成部分，人类的发展需要协同自然共同发展，而且要在发展的过程中保持整个生态圈的平衡、稳定和生机勃勃。目前我国在关于绿色发展的表述中对生态理想的论述涉及多个领域，在国家总体发展方面，绿色发展是实现中华民族伟大复兴中国梦的重要内容；在绿色富国方面明确了绿色低碳循环发展的方向；在安民惠民方面，看到了人们对生态环境的要求越来越高，生态环境质量在幸福指数中的地位不断凸显的迫切需求等。在这些论述中我们都能看到大量的对于生态理念的前瞻性理论描述和对生态发展美好愿景的期许。在儒家和道家的思想中，也有相关论述，可以对生态理论的内涵进行扩充和补充。儒家阐述了社会发展与自然环境高度契合的发展模式，把天地养育万物，万物赖天地以存的客观规律升华为人和社会不断生成创新、不断提升生存品质的理想境界。目前，我国经济处于高速发展的阶段，更要注重经济发展与环境健康的高度统一。儒家思想中的生态理想充满了刚健有为、奋斗不息的精神品质，能够为当前的绿色发展提供精神动力。道家思想中的生态理想更加重视尊重自然、顺应自然，以不违背自然的本性作为人类实践活动的基本要求，以“法自然”作为人类社会发展的原则和指向。虽然从时代发展的角度来看，道家的生态理想过于缥缈，没有发展和辩证地看待人类社会进程中出现的必然现象，但是其所描述的理想的境界却是值得我们回味与反思的。

其次，人的生态与自然生态平衡。正如恩格斯所指出的，人类统治自然界绝不是站在自然界之外的。自然不仅是人类的一面镜子，反映着人类活动的过程与结果，而且影响着人类社会的存在状态。近年来人类在过度开发自然的同时，自己的生存也受到了威胁。我们可以看到，森林面积不断缩减、草原沙漠化日趋严重、湿地大面积萎缩、全球气温不断上升……同时，人类的生存环境也随着自然环境的恶化而遭遇到空前的危机，资源枯竭导致城市荒芜、环境污染导致恶性疾患、能源争夺导致各种战争……绿水青山就是金山银山，坚持绿色发展的理念就要摆脱发展经济同时剥夺自然的畸形模式，把实现经济、社会和环境的可持续发展作为目标，推进人的生态与自然生态的平衡。绿色发展以人与自然和谐为价值取向，不断更新着社会经济的发展理念：把生态指数纳入社会运行的总体规划，兼顾人类生存发展的利益和自然自由生长的权力；把资源承载能力、生态环境容量作为经济活动的重要条件，将对自然的消耗、环境的恢复治理与经济的发展进行宏观考虑。齐鲁文化在思考人与自然的平衡发展时，从不同的角度探讨了人与自然的相互影响，社会与自然环境的相互作用，体现了要在自然生态与社会生态的有机联系中认识问题和处理问题的朴素辩证法。其中“物我交感”的思想把政治民生和自然变化紧密地结合在一起，通过观察自然界呈现给人的种种征象去积极调整政策和措施，为人与自然的和谐共生提供了现实依据。而气论思想则从天人一体的高度，不仅要求通过配义与道，实现与天地的沟通，而且要把自然和人事贯通一气，从而确保人与自然的和谐沟通。当然，由于历史的局限，有些观点如“天人感应”“五行终始”等有许多牵强之处，不符合科学事实，但是取其精华，我们在齐鲁文化中还是能够找到许多值得借鉴的思想财富，为绿色发展提供理论支持。

最后，人与自然和谐。人与自然的和谐既是过程，又是结果，是人类实践活动与自然繁衍生长之间良好关系的动态呈现。绿色发展把人与自然的和谐融合到社会发展的不同阶段、各个层面，通过结构调整、产业升级、发展方式创新等途径减少人类实践活动对自然的影响。绿色发展要求社会经济的发展要与资源、能源、环境和生态的承载能力和涵容能力相符合，对于自然环境坚持保护优先、自然恢复为主，不断扩大绿色生态空间比重。让自然生态与人的宜居生活联系起来，让环境健康与社会的健康发展联系起来，让自然的生机勃勃与人类的可持续发展联系起来，实现人与自然存在的高度统一。齐鲁文化始终追求人与自然的和谐，不仅把“天人合一”作为核心的哲学理论，而且把万物生生的道理与天人和谐的观念相贯通，与天地自然的相生相和紧密地结合在一起。在这一方面，齐鲁文化中的生态智慧与当今绿色发展的生态理念高度契合，能够在理论上和实践中推动生态文明向更合理、更有效的方向发展。

第四章 奉时善治

齐鲁文化在其萌生之初即有了较为明确的时间自觉，《管子》《周易》《淮南子》《尸子》《墨经》等典籍中都蕴含着丰富的时间观念。所谓“时”，其最初含义指自然规律即自然节律的变化。《说文解字》有云：“时，四时也。从日，寺声。”“凡四时成岁，有春夏秋冬。”（《逸周书·周月解》）“钦若昊天，历象日月星辰，敬授人时。……以闰月定四时成岁，允厘百工，庶绩咸熙。”（《尚书·尧典》）故有“天时”“时制”之说。“时”是神圣而不可违背又不可改变的自然规律，“时”即天，即道，即天命。通过对时间的认识，我们不仅可以把握不同形态的历史表述形式、不同思想派别的生命价值观念以及不同时代的文化思潮，同时也可以探寻出隐含于时间观念中的宇宙观念与生态智慧。“时”在齐鲁文化中起着至关重要的作用。孟子称孔子为“时之圣者”，即洞悉时间奥秘的圣人，是圣人之中的集大成者。在齐鲁文化的基本观念中，人寓于宇宙万物之中，与包括自然在内的整个世界水乳交融，对于人事问题的探讨正是在“天人合一”的基础上展开的，充分地体现出天人相生的生态智慧。

第一节　依物观时：对时间流变的生态体验

依物观时是古人认识时间的基本方式，也是儒家生态时间观的基础。与现代人抽象的时间观念不同，古人的时间意识是与具体的情境融为一体的。中国古代社会以农耕为基本生产方式，上古先民不仅从日常生活劳作中体会自然万物的生命流变，从日出日落、斗转星移、虫兽潜现、昼夜寒暑的往来更替等现象中认识和体验时间，而且以宇宙万物生存的规律为依据，以反映自然界变化的现象为标识的时间表述方式来记录、安排人们的生产生活。先民们很早就懂得利用天文物候的变化制定立法，掌握时间。《大戴礼记》中的《夏小正》是中国最早的历法之一，其特点就在于通过记录一年之中不同时期的物候变化来安排人类的各种活动。如“正月：启蛰，雁北乡，雉震呴，鱼陟负冰。农纬厥耒，初岁祭耒始用。畼囿有见韭。时有俊风，寒日涤冻涂，田鼠出。农率均田。獭献鱼，鹰则为鸠。农及雪泽，初服于公田。采芸。鞠则现，初昏参中，斗柄悬在下。柳稊，梅、杏、杝桃则华，缇缟，鸡桴粥”。在《诗经·豳风·七月》中，也有相似的时间表述。“六月食郁及薁，七月亨葵及菽。八月剥枣，十月获稻；为此春酒，以介眉寿。七月食瓜，八月断壶，九月叔苴。采荼薪樗，食我农夫。”自然现象与农事活动参差铺排，共同构成了当时人们对于时间流变的原始体验。在二十四节气中，今天我们依然能够看到物迁、时变与人事的紧密关联。此外，中国古代的天文历书《月令》采取了“以时系事”的方式，把节令、人事、自然物象等联系在一起，要求人们遵循自然节律安排社会生产和社会生活，反映出古人对自然社会的认识以及人与自然的关系。“仲春行秋令，则其国大水，寒气揔，至，寇戎来征。行冬令，则阳气不胜，麦乃不熟，民多相掠。行夏令，则国乃大旱，暖气早来，虫螟为害。季春之月，日在胃，昏七星中，旦牵牛中。其日甲乙，其帝大皞，其神句芒，其虫鳞，其音角，律中姑洗，其数八，其味酸，其臭羶，其祀户，祭先脾。桐始华，田鼠化为鴽，虹始见，萍始生。”（《礼记·月令》）古人据其观察的自然现象，为我们编制了一幅详细的自然界万物发生时序图，并根据自然界四时的更替，为人类社会严格地规定了顺“时”活动内容。

依物观时、天人不分的时间观念源自于中国古人对于生命的感悟，是建立在对生命发生、发展的理解之上的。法国汉学家克洛德·拉尔指出，“时”是与植物生长有关的典型的汉字。它表示埋在泥土下的生命的种子在和煦的阳光下开始发芽。因此时间可以被设想为一种孕育“生命的本原”，即“气”。而“时”又音近“始”“施”“使”“设”，表示“开始”“发起”“使动”和

"发展"，因此，"时"的原初意义与生命有关，是生命开始之意。[①] 随着农耕社会的进一步发展，"时"作为生命过程的发展、绵延的意义不断被凸显出来，人们将宇宙万物生命过程的有规律的分割和循环作为认识时间的基本方式，其中春、夏、秋、冬四时的往复更替在中国传统的时间观念中是最具有代表性的。春之萌生、夏之繁茂、秋之成熟、冬之沉寂，这些概念都蕴含着丰富的生命因素。在许多经典文献中，"时"与"四时"并称。"四时，四方各一时。时，期也，物之生死各应节期而至也。"（《释名》）"时本春秋冬夏之谓。引申为凡岁月日刻之用。"（《说文解字》）通过"四季"轮回更迭的模式，人们可以获知时辰、节气、纪元等概念。

中国传统的时间观关注时间的生命特征，更关注生命发展的内在动因，对于时间的表述多以阴阳的相互作用代之。如《管子·乘马》云："春秋冬夏，阴阳之推移也。时之短长，阴阳之利用也。日夜之易，阴阳之化也。"又如《淮南子·天文训》："道始于虚廓，虚廓生宇宙，宇宙生气。气有涯垠，清阳者薄靡而为天，重浊者凝滞而为地。清妙之合专易，重浊之凝竭难，故天先成而地后定。天地之袭精为阴阳，阴阳之专精为四时，四时之散精为万物。"这里"时"所反映的生命绵延不仅包括宇宙万物的生命存在过程，也是人类存在发展的立命之本。因为人类的社会活动也是生命的过程，与其他的生命活动在本质上是一致

① 参见[法]路易·加迪等:《文化与时间》,郑乐平、胡建平译,浙江人民出版社 1988 年版,第 32～33 页。

的。在特定的时空下，宇宙万物与社会人生的各种因素皆处于互动消长的格局之中。

人是宇宙生命的一部分，人类活动必须始终伴随着自然生命体的生长而进行相应的调整，要遵循自然的规律。[①] 孔子提倡：“敬事而信，节用而爱人，使民以时。”这里的“使民以时”，就是主张百姓要按照自然的节气时令安排农事。孟子认为：“不违农时，谷不可胜食也；数罟不入洿池，鱼鳖不可胜食也；斧斤以时入山林，材木不可胜用也；谷与鱼不可胜食，材木不可胜用，是使民养生丧死无憾也；养生丧死无憾，王道之始也。”（《孟子·梁惠王上》）荀子也指出：“草木荣华滋硕之时则斧斤不入山林，不夭其生，不绝其长也；鼋鼍、鱼鳖、鳅鳣孕别之时，罔罟毒药不入泽，不夭其生，不绝其长也；春耕，夏耘，秋收，冬藏四者不失时，故五谷不绝而百姓有余食也；洿池、渊沼、川泽谨其时禁，故鱼鳖优多而百姓有余用也；斩伐养长不失其时，故山林不童而百姓有余材也。”（《荀子·王制》）孟子与荀子议论的最终目的是为了实现“王道”，即社会清明与伦理完善，而王道却是以遵循自然规律，尊重万物的生命存在为前提的。认识时间，其主要的目的就是使自己适应不断变化的外在环境，同外界的事物保持和谐。因此，中国传统的时间概念既是天文的，也是人文的，是在“天人合一”的基础上生成发展起来的。美国后现代生态学家小约翰·B. 科布曾言：“一个具有生态观点的人可以

① 参见马永庆:《生态文明建设中的以人为本原则》,见《山东师范大学学报》2011 年第 6 期。

做到既充分有效地运用自然资源，同时又善待资源，而不是‘一锤子买卖’。”①

第二节　遵循天时：对自然规律的遵守与尊重

四时生化万物，内中蕴涵着时间统摄空间，以时间为本位的观念。春生、夏长、秋收、冬藏，四时递嬗及其所显示的功能正是天道的重要内容。生态学的核心是强调事物的意义在于与周围其他事物的关系之中，而生态观念则将其上升为维护自然与人之间的和谐。齐鲁文化中的时间观念不仅立足于宇宙生命，将人与自然的相互关系作为时间展开的根基，而且更加强调人与自然的和谐，将体现人与天关系的“得时”与否作为人类活动的价值评判，这便是齐鲁文化的时间观念关乎生态的原因之所在。

一、“使民以时”“役物以时”

人类在开发利用自然的过程中，应遵循天地自然的四时运行规律，与生态规则相适应，从而达到一种可持续发展的生存状态。《周礼·地官·山虞》曰：“山虞掌山林之政令，物为之厉而为之守禁。仲冬斩阳木，仲夏斩阴木。凡服耜斩季材，以

---

① ［美］大卫·雷·格里芬编：《后现代科学》，马季方译，中央编译出版社2004年版，第154页。

时入之。令万民时斩材，有期日。凡邦工入山林而抡材不禁。春秋之斩木不入禁。凡窃木者有刑罚。”这里，《周礼》为我们描述了一个较为具体的“以时”之规：有节制地开发资源，保护幼材，顺应树木的生长规律，担负起保护自然资源的责任，实现可持续发展。这种明确而具体的生态与资源保护设想，能够出现在两千多年前的《周礼》中，不得不令人赞叹。这样丰富的生态思想资源弥足珍贵，显示出齐鲁先贤所具有的卓尔不群的东方智慧。《周礼·冬管考工记》提道：“天有时，地有气，材有美，工有巧：合此四者，然后可以为良。材美工巧，然而不良，则不时、不得地气也。”《周礼》指出只有顺应“天时地气”，才能发挥“工巧”，二者相互结合才能达至“美”“良”的臻善境界。

孔子认为自然万物的生成发展皆有其“时”，四时的运行、百物的生成都是自然发展变化的外在表征。统治者应当“使民以时”，顺时而为，治理国家也必须符合天道，“道千乘之国，敬事而信，节用而爱人，使民以时”（《论语·学而》）。这里，强调的是敬事、诚信、节用、爱人都是同一个层次的道德范畴，都是针对统治者的道德行为规范。因此，凡是不在适当时机行事的行为都应被禁止，要受到刑律的惩戒。“……果实不时，不粥于市，五木不中，伐不粥于市，鸟兽鱼鳖不中杀，不粥于市。凡执此禁以齐众者，不赦过也。”（《孔子家语·刑政》）孟子明确地提出，农事要根据自然的规律，依据农时进行。在《孟子·离娄下》中，孟子对自然规律的运行曾有如是主张：“天之高也，星辰之远也，苟求其故，千岁之日至，可坐而致也。”事物之理都是自然的道理，顺从自然且遵循自然才是大智慧。依时而为，尊重并顺从自然规律，是圣王施仁政的重要内涵，也是使百姓安居乐业的前提条件。就像《孟子·梁惠王上》有此论述：“不违农时，谷不可胜食也；数罟不入洿池，鱼鳖不可胜食也；斧斤以时入山林，材木不可胜用也。谷与鱼鳖不可胜食，材木不可胜用，是使民养生丧死无憾也。养生丧死无憾，王道之始也。五亩之宅，树之以桑，五十者可以衣帛矣。鸡豚狗彘之畜，无失其时，七十者可以食肉矣。百亩之田，勿夺其时，数口之家可以无饥矣。”这里较为全面地论述了人应该如何顺应天地之道和自然节律，阐明了“以时”的重要性以及“以时”所带来的人类美好的社会状态。《荀子·天论》曰：“天有其材，地有其时，人有其治，夫是之谓能参。……列星随旋，日月递炤，四时代御，阴阳大化，风雨博施，万物各得其和以生，各得其养以成。”这里明确阐述了自然世界的有序运行与万物生养的关联。天地自有其规律，君子也像自然界一样，有一定的行为准则，要按照自然规律而“有其治”，这就是“能参”，也就是天、地、人三者各行其职，和谐共处。荀子提出“参天时、地时”的同时，从另一方面进行反思并指出，舍弃对天地自然规律的遵循，将会使人类的生存陷入难解与困惑的境地。只有“参天地四时”才能实现“万物各得其和以生，各得其养已成”的生态繁荣。

此外，汉代的刘向也提出天时是自然界普遍存在的规律，宇宙万物都应符合“时序”，遵循“时变”。而人应该根据自然的特点和规律有所为、有所不为。“周三月，今正月也，当雨水，雪杂雨，雷电未可以发也。既已发也，则雪不当复降。皆失节，故谓之异。于易，雷以二月出，其卦曰豫，言万物随雷出地，皆逸豫也。以八月入，其卦曰归妹，言雷复归。入地则孕毓根核，保藏蛰虫，避盛阴之害；出地则养长华实，发扬隐伏，宣盛阳之德。入能除害，出能兴利，人君之象也。”（《汉书·五行志》）在这里，刘向认为，四时作为天地之规律由雨水、雷电等自然现象表征出来，人可以凭借这些天象来窥知天理。在此基础上，人应顺时而为，在认识自然规律的前提下不断完善人与自然的关系，推动生态环境的健康发展。

二、“择时机”和“守时中”

在敬畏天命的基础上，儒家强调知天命，求时运。时运，即时机、机会或适当的时候。作为生命存在于特定时空中的各种因素之相互关系的动态呈现，它承接过去又指向未来。命和运相互交织，构建出人与天地共处的境遇。把握时机是人类在自然万物面前应对生命发展契机的能力。人们在与宇宙万物生命的协调发展中认识到，任何事物都有其生发的最佳时机。这种时机在自然界中体现为生命成长的关节点，如种子发芽、花开花落、瓜熟蒂落等。命依天所赋予的场域而展开，这就决定了人生中有许多东西是超出人的自身能力之外的。但是，生命存在所展开的具体境遇总是由各种因素构成，并且这些因素相互之间的关系决定了生命未来发展的走向。个体的成熟是对各种可能性做出回应的结果，而这些可能性本身是由个体行为与其环境相互作用的结果。洞悉人的存在与事物存在的整体境遇，对其中的各个环节进行掌握，并找到合适的时机，及时地采取行动回应之，才是通权达变的人生智慧，并达到了儒家所谓的“神”的地步。“时止则止，时行则行，动静不失其时，其道光明。”（《周易·艮·彖》）人要及时、适当地回应当下的时机，应所逢时机的具体情状而进行相应的行动。在事物发生的萌芽阶段就要准确地判断其趋势，抓住稍纵即逝的时机，这就是“知几”。当人直面生态自然时，亦应顺从“时”的原则，按照生态自然自身之变化规律调整人自身的生存方式，以求达成人与生态环境的平衡。

在《周易》中，“时”的概念多次出现，其义大致为时间、四时时令以及时机等。“君子之人，凡所动作必从其时不失其中，故《中庸》曰‘君子而时中’。是言君子之人，动作之间皆从其时也。”（《周易正义·系辞下》）“不为时，执中而不变通，与执一无异。”（《礼记集说》卷一百二十五）“变通”和“革而新之”乃执中的本质内涵。“夫所谓中者，岂执一之谓哉，亦贵乎时中也。时中者，当其可之谓也。”（《经义考》卷七十九）故孟子说：“子莫执中，执中为近之。执中无权，犹执一也。所恶执一者，为其贼道也，举一而废百也。”（《孟子·尽心上》）。《周易·系辞下》中所谓“变通者，趣时者也”“待时而动”，《周易·艮卦·彖传》所谓“时止则止，时行则行，动静不失其时”，《周易·益卦·彖传》所谓的“凡益之道，与时偕行”，等等，皆强调了“时机”的意义。“时”的原则在《周易》中，强调君子应顺应天道自然的法则，因“时”而变，随“时”而化。“观象择机”是掌握时运的重要途径，而观象则包括了观天地之象和观卦爻之象。观天地之象主要强调天人一体、天人感应，这是中国古代人们掌握社会人生的重要方式。儒家思想认为，人与自然共同构成了宇宙生存的境遇，自然万物的生长变化势必影响着人的存在发展，并且将流变的指向通过物象而呈现出来。能够呈现“机”与“运”的天象是时变中的动态发展的物象，它们既是过去因缘的果，同时又包含着未来发展的因。人顺天而行，自然将现吉象，人间就会五谷丰登、风调雨顺、国泰民安；人若是逆天而为，自然就将降凶兆，人间就会干旱少雨，或发生洪涝灾害、兵变民乱等。人要善于通过天地之象而探究、预测未来的发展。因此，圣人“仰以观于天文，俯以察于地理，是故知幽明之故”（《周易·系辞上》）。观察卦爻之象则通过展示宇宙万物变化不同情境，揭示生命的流变情状，“圣人设卦，观象系辞焉而明吉凶，刚柔相推而生变化”（《周易·系辞上》）。《周易》共列出了六十四卦，分别象征六十四种具体的境遇或“时机”。这些卦象又是非独立、非静止的，是在与其他卦象的动态关联中象征整个宇宙生生不息的生命活动，如“乾坤”二卦就形成了宇宙变化的典型境遇。每一卦都有六爻，分别代表了事物在特定的“时”中的具体发展状态。在爻卦中多有对于时下境遇的“吉凶悔吝休咎”的评判，以揭示特定的“时”对于人类活动的影响。

人在自然面前并非消极地适应和被动地顺“时”，否则“参赞”亦失去意义。因为“参赞”无疑包含了人对自然的主观能动性，这自然涉及参赞的“度”的问题。对于时机把握的尺度，儒家特别强调“时中”，这是以人与自然和谐相处为基本向度的。“中”乃“中庸”的简称，是人与生态自然相互关联的“关节点”，是一种恰到好处的和谐状态。“蒙亨，以亨行，时中也。”（《周易·蒙·彖》）所谓“时中”主要是指人的言行需要“合乎时宜”且“随时变通”，天时变化有其内在的法则，而执时之中是人通过修为的不断提升而与天时相合的至高境界，唯其如此才能恰如其分地适应。因此，与天地自然和谐相处、适时而为，是执时之中的重要内容。《中庸》说：“君子之中庸也，君子而时中”，而“致中和，天地位焉，万物育焉。”朱熹注曰：“致，推而及之也。位者，安其所也。育者，遂其生也。”万物生长应各安其位，在自己所应处的位置上按照其生命的规律进行生长。人和自然之间、自然万物之间各安其所，宇宙生命才能井然有序，各安其生，才会走向和谐、相育相生。因此圣人在对时进行把握时，需要根据自然万物的本真的生命历程，抓住万物在时间流变中恰应所处的位与所，不偏不倚、无过无不及，才能达到人生最佳的理想境界。

三、因时应物、以时为宝

“因”的思想是先秦黄老之学的重要哲学范畴。管子重视“因”，将它提升而为道的一种重要特性，并提出“道贵因”的命题。“因也者，舍己而以物为法者也”（《管子·心术上》），“因其能者，言所用也”（《管子·白心》）。所谓因，作顺应之意解，即不是由自己主观择取，所以能做到没有偏颇。“因”可以是顺天、顺时、顺力、顺俗、顺人心、顺民欲、顺人之所欲等等。“无为之道，因也。因也者，无益无损也。以其形，因为之名，此因之术也。”（《管子·心术上》）所谓因，就是不增加也不减少。它以什么形态出现，就给它起个什么名。“道贵因”的思想，具体表现在“因时应物”的原则与态度上。道作为宇宙的本原和根本规律，实际上也就是时间过程的恒常演进，它是宇宙顺时自然变化的根本规律，受天道统摄的万物也是在自然状态下顺时演进。大道支配万物，决定万物，致使天地万物所遵循的规律具有明显的时间性特征。《管子·白心》云：“建当立有，以靖为宗，以时为宝，以政为仪，和则能久”，强调了时在大道运行的过程中的重要性。

在“因时”说的基础上，管子认为应该“审天时”“唯时德”“审其四时”。管子认为君主明察四时，顺天道而整饬政令为“明君之道”。《管子·小匡》中提出：“今夫工，群萃而州处，相良材，审其四时，辨其功苦，权节其用，论比计制，断器尚完利。相语以事，相示以功，相陈以巧，相高以知事。”“今夫商，群萃而州处，观凶饥，审国变，察其四时，而监其乡之货，以知其市之贾。负任担荷，服牛辂马，以周四方，料多少，计贵贱，以其所有，易其所无，买贱鬻贵。”要使工匠和商人居处相聚而集中，让工匠察看好的木材，考虑四时活路；让商人观察年景凶饥，了解国内情况，观察四时，注意本乡货物，而预知市场物价。天时不仅是自然界发展变化所直观呈现的规律，更是天地之大道运行的象征。他说：“凡道无根无茎，无叶无荣。万物以生，万物以成，命之曰道。天主正，地主平，人主安静。春秋冬夏，天之时也。山陵川谷，地之枝也。喜怒取予，人之谋也。是故圣人与时变而不化，从物而不移。能正能静，然后能定。定心在中，耳目聪明，四枝坚固，可以为精舍。”（《管子·内业》）在管子看来，顺应天时就是因道而为，就是按照自然的规律安排人事活动。人要“以时为宝”，遵循时之变化，根据时日岁月的变迁校正和调整自己的行为，实现与时之变化相协调，与天地自然的运行相契合。

四、天命不可违

儒家学派的代表人物孔子就特别重视天命，他认为“知天命”是一个有道德的人所必备的精神秉性。孔子说：“不知命，无以为君子也”，“吾十有五而志于学，三十而立，四十而不惑，五十而知天命”。孔子的天命观继承了周人的天命思想。周人改造了殷人“帝”的概念，将自然性的天升华为超验的存在，赋予天非人力的、超自然的力量，并以天为掌握人类社会发展的最高主宰。在这里，天既是自然之天，又具有某种善的道德价值属性，是超验的世间主宰。“……加之以社稷山川之神，皆有功烈于民者也。及前哲令德之人，所以为明质。及天之三辰，民所以瞻仰也。及地之五行，所以生殖也。及九州名山川泽，所以出财用也。非是不在祀典。”（《国语·鲁语上》）在这种观念的影响之下，天地山川无不是决定人的存在的重要因素，成为人们祭祀膜拜的对象。孔子接受了西周的宇宙观念，同时又在天命中注入了理性的因素，对鬼神敬而远之，对天命和生死出言谨慎。天命由上帝意志转化为自然万物，包括人在内的生命创造的秩序。天虽不言，却是世界之大道，宇宙之大德。作为自然存在与道德存在的统一，“天”的秩序由彼此相关的成分之间获得的和谐来表达，“天何言哉？四时行焉，百物生焉，天何言哉”（《论语·阳货》）？大自然以其自身的运行，使万物得以繁荣并以此教育人类。而天的神秘与伟大之处就在于不假言辞而使万物各安其位，各行其道而无所僭越。孔子在关于天人关系的论述中认为，人具有理性的力量，但人应该合理地运用这种能力，探求天道，秉承天命。《中庸》所述“天命之谓性、率性之谓道”，将人的本性与天命统一起来，正是对孔子“天人一体”思想的进一步阐发。人的活动应该合乎自然的发展规律，从而建立人与天合的德行机制，人才能做与天地相通的智者。因此，孔子对会通天地的圣人顶礼膜拜。“大哉尧之为君也！巍巍乎！唯天为大，唯尧则之。荡荡乎，民无能名焉。巍巍乎其有成功也，焕乎其有文章！”（《论语·泰伯》）

天不仅生万物，而且命万物。“命”是对人生的一种根本性的限制，所谓命者，令也，是上天、先天的指令，它先于人的个体生命而存在并决定了后天发展的轨迹。在中国古代的哲学体系中，天、地、人为“三才”。人类戴天履地，从宇宙万物的周行往复中感受到“时”之属性，进而认识到天地之恒长。自然界是与人生息息相关的处境，外在于人的天呈现为各种具体的境遇，在很大程度上左右人的行事，决定人的存在。命总是处于某些具体的“时”之中，是天在周行不息的过程中设置的各种具体的境遇。人存在于世界中必然先天地受到具体境遇的限制，正如海德格尔所说的“被抛入”特定的世界当中，这是无法选择的。但是人生存在世界上必然会与世界发生关系，并把事物融合成为与人共在的整体境遇，而这个境遇则由不断流变的时运构成。

第三节　奉时善治：齐鲁文化中的生态治理思想

在齐鲁文化中，遵循天道、关爱生命、保护自然既是人的内在道德品质提升的途径，又是人与社会可持续发展的需要。齐鲁先贤们不仅从理论思辨的角度探讨了天地自然在构建哲学思想中的哲学价值和理论意义，而且从社会实践的角度去实践他们的生态自然观念，通过一系列的法律法规、民俗乡约和信仰禁忌等去推动天人之间的和谐共生。

一、齐鲁文化中的生态治理

生态治理在齐鲁文化中很早就出现了。环保作为一项国策，在不同的时代有不同的法律条文进行规范。据《尚书》记载，上古时期舜治天下，制定了相对完备的社会治理体系。在官员的设置上，设立九个官职以治理天下，其中命令益、朱虎、熊罴三人一起担任"虞"这个官职，去掌管山林、川泽、草木、鸟兽等有关资源和环境的事宜。"帝曰：'畴若予上下草木鸟兽？'佥曰：'益哉！'帝曰：'俞！咨益，汝作朕虞。'益拜稽首，让于朱虎、熊罴。帝曰：'俞，往哉！汝谐。'"（《尚书·舜典》）我们可以看到，在上古时期的社会治理体系中，自然的保护与开发利用得到了相当的重视。在管理体系中，管理草木鸟兽的虞官与管祭祀的礼官、纳言的言官、管理百官的官员、管理五声六律的乐官等位置等同。

舜之后，禹继承了舜重视自然环境的思想。禹曾发布春季“山禁”、夏季“休渔”的命令，就是为了自然资源的保护和社会的可持续发展。《逸周书·大聚解》记载：“春三月山林不登斧，以成草木之长；夏三月川泽不入网罟，以成鱼鳖之长。”为保护山林草木、川泽鱼鳖等动植物资源，规定春季三个月不允许带斧头等砍伐工具上山，夏季三个月不允许带网罟等捕捞工具下河。这些法规明确了对生态的保护，即面对自然资源不要采用竭泽而渔的手段，要给生物以休养的时间，维护生态的平衡。

到了周代，朝廷制《周礼》，设官分职，分设山虞、川衡、泽虞等部门来管理不同的自然环境。山虞，掌管山林。“物为之厉，而为之守禁，仲冬斩阳木，仲夏斩阴木。凡服耜，斩季材，以时入之。令万民时斩材，有期日。凡邦工入山林而抡材，不禁。春秋之斩木不入禁。凡窃木者，有刑罚。”（《周礼·地官·山虞》）川衡，管理川泽地区。“川衡掌巡川泽之禁令，而平其守。”（《周礼·地官·川衡》）泽虞，负责管理沼泽地区。“为之厉禁，使其地之人守其财物，以时入之于玉府，颁其余于万民。”（《周礼·地官·泽虞》）相对于前代，环境治理方面的官制已经非常成熟了，相关的法律法规也体现出了官方对生态资源的保护。“山林非时不升斤斧，以成草木之长；川泽非时不入网罟，以成鱼鳖之长；不麛不卵，以成鸟兽之长”“是鱼鳖归其泉，鸟兽归其林。孤寡辛苦，咸赖其生。”（《逸周书·文传解》）这就是说，向自然界索取资源时，一定要有节制，要注意时令，要按一定的季节进行捕鱼、猎兽的生产活动。

《礼记》中也有非常丰富的环境治理的规定，反映了当时的人对环境问题的重视。《礼记·王制》中明确规定，草木荣华滋硕之时，斧斤不入山林，不可对自然进行破坏。“草木零落，然后入山林。”不同的月令，都要依据自然的规律进行活动，特别是针对自然造物的劳作。如孟春正月，需要祭祀山林川泽，但不准许用母畜作祭品。禁止砍伐树木，不许捣毁鸟巢，不许杀害幼虫、已怀胎的母畜、刚出生的小兽、正学飞的小鸟，不许捕捉小兽和掏取鸟卵等。“是月也，命乐正入学习舞。乃修祭典。命祀山林川泽，牺牲毋用牝。禁止伐木。毋覆巢，毋杀孩虫、胎、夭、飞鸟，毋麛，毋卵。毋聚大众，毋置城郭。掩骼埋胔。”（《礼记·月令》）

此后，在环境治理官制的设置上，秦汉时改设“少府”，三国以后又恢复“虞官”，唐宋明清历代朝廷均设“虞衡司”或“虞部”，可以看出历代政府对于环境保护和利用的重视。

二、齐鲁文化中的生态经营思想

在齐鲁文化中，鲁文化以农业经济为基础，在从土地获取生存资料的同时，形成了较为完备的农业经验。这些经验和思考集中体现在魏晋时期贾思勰的农书——《齐民要术》中。《齐民要术》系统地总结了齐鲁大地上的农牧业生产经验，对中国古代农学的发展产生过重大影响。

《齐民要术》发挥了天、地、人“三才”的思想，将“三才”相互之间的关系引入农学思想。《周易·系辞下》：“有天道焉，有人道焉，有地道焉，兼三才而两之，故六。六者非它也，三才之道也。”所谓“三才之道”，从哲学角度讲是阴阳、刚柔、仁义诸对矛盾相互作用之道，是天道和人道会通之道。这一点在《吕氏春秋·审时》中有过相关的论述：“夫稼为之者人也，生之者地也，养之者天也。”从哲学的视角把农业生产看作人为、地生、天养的整体性实践活动。《齐民要术》在具体的技术操作层面上对天、地、人“三才”的思想进行了系统的论述，提出农业、环境和人力是相互联系的整体，根据环境发挥人力，可以实现人力、农业效能的最大化。《齐民要术·种谷》认为：“顺天时，量地利，则用力少而成功多。任情返道，劳而无获。入泉伐木，登山求鱼，手必虚；迎风散水，逆坡走丸，其势难。”如果人们顺应天时，裁量地利，根据自然规律从事农业生产，那么就会用力少而成功多。反之，如果放纵情欲违背大道，就像在泉水中伐木，到高山上去钓鱼，一定不会有所得；就像迎着风洒水，从斜坡向上滚圆珠一样，往往会劳动而没有收获。

因此，依据天时地利进行农业生产，把人的活动与自然条件统一起来，是《齐民要术》的基本思想，也体现出生态整体的观念。此书从具体的实践讲述作物种植应遵循基本的规律，同一种作物的性能在不同的环境中会发生相应的改变。如《齐民要术·种蒜》对大蒜种植的论述：“今并州无大蒜；朝歌取种，一岁之后，还成百子蒜矣；其瓣粗细，正与条中子同。芜菁根，其大如碗口，虽种他州子，一年亦变。大蒜瓣变小，芜菁根变大，二事相反，其理难推。又八月中方得熟，九月中始刈得花子。至于五谷蔬果，与余州早晚不殊，亦一异也。并州豌豆，度井陉以东，山东谷子，入壶关、上党，苗而无实。皆余目所亲见，非信传疑，盖土地之异者也。”人应顺天而为，根据作物的习性和其生长的基本要求进行农业生产。如种槐树，《齐民要术·槐、柳、楸、梓、梧、柞》云：“好雨种麻时，和麻子撒之。当年之中，即与麻齐。麻熟刈去，独留槐。槐既细长，不能自立……明年斸地令熟，还于槐下种麻。胁槐令长。三年正月，移而植之：亭亭条直，千百若一。所谓‘蓬生麻中，不扶自直’。”槐树应与麻一同种植，麻可以帮助槐树苗直立生长，既省去了人力，又能保证作物的顺利生长。此外，人们还应该利用作物之间的共生关系，让不同习性的作物在一起种植，相互搭配，相互影响。《齐民要术·种谷》中说：“苗：其弱也，欲孤；其长也，欲相与俱；其熟也，欲相扶。是故三以为族，乃多粟。”“吾苗有行，故速长；弱不相害，故速大。横行必得，从行必术；正其行，通其风旧。”也就是说，庄稼以整齐的行列排列，可以长得很快；小时彼此不相妨害，大时，可以相互靠近；成熟后，能彼此撑持，不会倒伏折断，又能通风，所以能很快长大。

三、齐鲁文化中的生态关爱思想

齐鲁文化作为中华传统农业文明时代的典型形态，保留了大量的人与自然和谐相处的思想样本，包含了许多生态关爱的理论著述。为进一步促进人和自然和谐相处，我们需要从齐鲁文化中找寻宝贵的思想资源。

1. “弋不射宿”：孔子的生态关爱思想

孔门弟子记孔子的渔猎活动说：“子钓而不纲、弋不射宿。”（《论语·述而》）这一记载表明了孔子对于自然关爱的态度，以及对基本的自然规律的尊重。这里的纲为有许多鱼钩的大网，对于人而言，以此网捕鱼，一网打尽所捞必多。但是对于鱼来讲，则意味着多余的伤害，有可能对其造成灭绝性的损害。弋是带线的箭，宿是归宿之鸟。宿鸟回巢，往往有幼鸟待哺，如果射杀了宿鸟，则幼鸟就会失去依靠，造成两代生命的毁灭。这在孔子看来，都不是有仁德的人应该做的事情，这样一来生态资源就会遭到破坏，民众捕鱼狩猎也会受到影响。直到现在，民间还有“劝君莫打三春鸟，儿在巢中盼母归”的谚语，可以说是“钓而不纲、弋不射宿”思想在百姓生活中的表现。这种生态资源的节用观也体现了孔子“泛爱众而亲仁”的思想，即面对自然环境和生态资源时，应考虑更多人的利益，反对毁灭自然资源的做法。因此，从中我们可以看到孔子关爱自然的生态情怀和对可再生资源保持可持续发展的社会思想。

2. “知天之爱民之厚者有矣”：墨子的生态关爱思想

墨子从自然天道的视角论述了“天为贵、天为知而已矣”的思想，并提出了“知天之爱民之厚者有矣”的观念。《墨子·天志中》提出：“且吾所以知天之爱民之厚者有矣，曰：磨为日月星辰，以昭道之；制为四时，春秋冬夏，以纪纲之；雷降雪霜雨露，以长遂五谷麻丝，使民得而财利之；列为山川溪谷，播赋百事，以临司民之善否；为王公侯伯，使之赏贤而罚暴；贼金木鸟兽，从事乎五谷丝麻，以为民衣食之财。自古及今，未尝不有此也。……今夫天兼天下而爱之，撽遂万物以利之，若豪之末，非天之所为，而民得而利之，则可谓否矣；然独无报夫天，而不知其为不仁不祥也。此吾所谓君子明细而不明大也。”墨子认为，自然不仅善养万物，给百姓提供生存的资源，而且“四时春秋冬夏”以立纲纪，“雷降雪霜雨露”以生长万物，使民有衣食之财。因此，人应该报天之德，通过“遵道利民”、考查“仁义之本”去顺从天意，去兼爱众生。“今天下之王公大人、士君子，中实将欲遵道利民，本察仁义之本，天之意不可不顺也。顺天之意者，义之法也。”

3. “知常曰明”：老子思想中的生态保护理论

《老子》第十六章提出：“万物并作，吾以观复。夫物芸芸，各复归其根。归根曰静，静曰复命。复命曰常，知常曰明。不知常，妄作凶。知常容，容乃公，公乃全，全乃天，天乃道，道乃久，没身不殆。”从“观复”的论述中，我们可以看出老子的生态治理思想和生态保护理论。老子认为，要让“夫物芸芸，各复归其根”，让自然万物生生不息，做到自然生态的良性发展，必须坚持“万物并作”的立场。通过“知常”，对自然界的生成发展的规律进行了解，不肆意妄为，这样人类就不会面临毁灭的危险。所谓“知常曰明”就是说掌握了自然的规律，就能够非常明智地处理各种问题，而不会招致祸患。反之，如果“不知常”，则“妄作凶”，就会遭到自然的报复。恩格斯曾提出过相似的例证：“美索不达米亚、希腊、小亚细亚以及其他各地的居民，为了得到耕地，毁灭了森林，但是他们做梦也想不到，这些地方今天竟因此而成为不毛之地，因为他们使这些地方失去了森林，也就失去了水分的积聚中心和贮藏库。……因此我们每走一步都要记住：我们统治自然界，决不像征服者统治异族人那样，决不是像站在自然之外的人似的，——相反地，我们连同我们的肉、血和头脑都是属于自然界和存在于自然之中的；我们对自然界的全部统治力量，就在于我们比其他一切生物强，能够认识和正确运用自然规律。”① 因此，我们需要遵守自然规律，从负担起人类生存责任的层面去维护生态环境的良好发展，否则就会遭到大自然对人类的无情报复。

第四节　奉时善治与中国现代生态治理

在推进生态文明建设这一庞大的系统工程中，提高生态治理水平，推进生态治理现代化是一项关键而紧迫的任务。我们不能重蹈西方先发展后治理的覆辙，在经济发展的同时，必须牢固树立并切实贯彻创新、协调、绿色、开放、共享的发展理念，把生产发展和生态良好统一起来。生态治理的现代化要求我们必须尊重自然发展的规律，树立绿色发展理念，顺应自然、保护自然，在人与自然的良性互动中实现人类社会与自然的和谐，带动人类社会发展方式的全面转型和实现对工业文明的全面超越。现代化的生态治理需要吸收借鉴一切有益的思想资源，从不同的治理经验中获得创新的动力和源泉。奉时善治是齐鲁文化中富含生态内

① 《马克思恩格斯选集》(第 4 卷)，人民出版社 1995 年版，第 383 ~ 384 页。

涵的社会治理理念。理解自然法则、顺应自然规律、把握事物发展变化的契机就是奉时，社会治理必须建立在奉时的基础之上才能做到善治，实现社会和谐有效地运行。

首先，奉时善治体现了以整体性思维积极调整治理的方式和策略。生态治理要求在人与自然的良性互动中追求人类社会与自然的和谐，要求按照生态系统的整体性、系统性及其内在规律，进行整体保护、系统修复、综合治理，增强生态系统的循环能力，维护生态平衡。因此，提升生态治理的能力，首先需要掌握自然规律，积极调整治理的方式和策略。党的十八大以来，我国坚持尊重自然、顺应自然、保护自然的理念，积极探索符合自然规律和社会发展规律的生态治理模式，根据我国的环境现状，颁布实施了一系列针对性强的法律法规，制定了关于环境保护和环境恢复的实施方案。但是由于生态治理起步较晚，理念相对滞后，目前我们对于生态治理的理解还停留在环境保护的层面，还是以功利性和实用性的态度对待自然环境，并且没有意识到生态文明和绿色发展是事关人类生存发展的全局性问题，亟待进行全方位的生产生活方式变革以及产业结构调整。当前，我国对涉及经济、政治、社会、文化领域的生态治理没有给予应有的重视，治理体系大大滞后于生态文明建设要求。生态治理要求以生态的整体性为前提，以人的生态和自然的生态的统一为治理实践的根基，在此基础上才能真正保持生态环境的健康存在。齐鲁文化重视人与自然的统一，这一点就体现在关于时间的认识和表述中。齐鲁文化中关于时的观念之于生态治理的意义就在于，运用大自然的规律贯通掌握人类社会的规律，按照自然的规律安排人事的活动，根据“时机”“时中”等自然和人事呈现的征象“因时应物”，去积极构建符合生态法则和自然权利的生态治理模式。在整体思维的观照下，综合考虑影响生态环境的各个方面，根据现实的环境和客观条件实施生态治理。这样才能够进一步推进生态治理的现代化。

其次，奉时善治凸显了科学有效的管理机制。作为一个动态发展的系统工程，生态治理需要从宏观上进行综合考虑。这不是某一个部门的职责，而应该实行统筹谋划和治理。在这一方面，我国虽然已经取得了一定的进步，但是在部门设置上依然存在较大问题。从职责归属看，生态环境保护的责任由不同部门共同承担，生态环保职能分散交叉，造成多头管理、职责不清以及责任回避的现象。在法律、法规的制定上，2014 年《中华人民共和国环境保护法》全面修订以来，许多地方启动了地方性法规的设计与制定，但是由于缺乏充分的讨论和深入的调研，还存在一些不科学、不合理的地方。正如有些学者指出的，我国与生态建设和环境保护相关的法律体系依然是不完整、不完善的。例如，与生态关系极其密切的土地和水流，从产权到开发、从规划到利用、从使用到管理……还处于比较混乱的局面，缺少统一治理的制度，许多地方土地开发处于无序的状态；水资源管理、水的开发与利用、用水与排水等不能统一与协调，这些情况不仅造成土地和水流的低效使用与严重浪费，而且给国家的生态环境带来极大危害，甚至严重破坏了生态平衡。[①] 面对这些问题，我们需要推

① 杨重光:《完善生态治理体系的五个要点》,《国家治理》2014 年第 20 期。

进生态治理机制的变革。反观齐鲁历史上的环境管理和生态治理，西周、秦汉和唐宋时期都曾经针对不同的环境问题制定了一系列针对性较强的政策和法规，如先秦时期提出的保护生物资源的封禁制度、唐代的环境管理体系、宋代的各种环境保护禁令等，都是前人对生态治理做出的努力。当然相对于今天更为复杂的要求，历史上的生态管理制度显得比较粗疏简陋，但是能依据特定的生存环境制定特殊的生态政策，这一点还是值得我们借鉴的。

最后，奉时善治体现了人类敬畏自然的生态红线意识。大自然为人类和其他物种提供生存和发展的资源总量是有限度的，我们不可能向自然无限度地索取，因此必须明确生态的红线，保住生态的底线。生态保护红线设定的目的是通过建立最为严格的生态保护制度，对生态功能保障、环境质量安全和自然资源利用等方面提出更高的监管要求，从而促进人口资源环境相均衡、经济社会生态效益相统一。2017 年 2 月，中共中央办公厅、国务院办公厅印发了《关于划定并严守生态保护红线的若干意见》（以下简称《意见》），明确到 2020 年年底前，我国将全面完成生态保护红线划定，勘界定标，基本建立生态保护红线制度。《意见》确立了生态保护红线优先地位，强化了生态保护红线刚性约束，并且明确了考核目标和责任追究的规定。生态保护红线的提出，对于守住国家生态安全底线、建设生态文明将产生深远而又重要的影响。其实在奉时善治的生态理念中，一直都有非常明确的红线意识和底线意识，不仅尊重自然和敬畏自然，而且通过一系列法规制度对树木、水道、植被、鸟兽虫鱼等保护对象、时间限制、捕猎采集方法及对违规的处理做了详尽的规定，确保人类不会对自然无节制地开发。这些法律法规对利用自然设定了明确而详细的限制，对于当时的生态环境进行卓有成效的环境管理，也需要我们认真学习和分析。

第五章 民胞物与

生态整体论认为，人源自天地乾坤，与天地大化相沟通，与自然万物相随共生。这是以一种宽广的生态整体视角，将人和天地万物共同纳入一种不断生成、不断发展的宇宙世界的观点。齐鲁文化中包含着非常丰富的关爱自然的伦理观念以及博爱众生的事例，“民胞物与”是生态伦理关怀的典型体现。从《礼记·礼运》的“人不独其亲而亲”，到《管子·形势解》的“天公平而无私，故美恶莫不覆”，从《周易·乾·文言传》的“云行雨施，天下平也”，到《论语·颜渊》“四海之内皆兄弟”，无不透露了古代圣贤努力突破小我、实现大我的宝贵精神。尽管在许多先贤的哲学思想中，生态意识和万物平等的价值观念还不是非常纯粹，但是他们的理论中都能够体现“天人合一”的整体观、尊重生命的共同原则以及人与自然和谐的价值取向。罗尔斯顿认为：“从终极的意义上说，环境伦理学既不是关于资源使用的伦理学，也不是关于利益和代价以及它们的公正分配的伦理学；……在这种伦理学看来，环境是工具性的和辅助性的，尽管它同时也是根本的必要的。只有当人们不只是提出对自然的审慎利用、而是提出对它的恰当的尊重和义务问题时，人们才会接近自然主义意义上的原发型（primary）环境伦理学。”① 当代生态伦理学和生态哲学都认为，人与一切生物都处于一个统一的生态环境中，人与自然中的其他生物是相依相存的。当生态环境被破坏，绝大多数生物濒临灭绝时，人类也就无法生存。相对于西方生态伦理思想从负面和消极的方面理解人和自然的关系，我国的生态思想更多的是从积极的道德构建的层面来找寻疗救自然和人的途径。因此，在面对人类共同遭遇的生态危机和环境灾难时，我们更应该对齐鲁文化中“关爱自然”“民胞物与”的思想进行现代阐释，利用其来更好地指导我们的生态实践。

第一节　物吾与也：齐鲁文化中的生态伦理意识

马克思早在《1844 年经济学哲学手稿》中就深刻地指出：

① ［美］霍尔姆斯·罗尔斯顿：《环境伦理学》，杨通进译，中国社会科学出版社 2000 年版，第 1 ~ 2 页。

“人直接地是自然存在物。人作为自然存在物，而且作为有生命的自然存在物，一方面具有自然力、生命力，是能动的自然存在物；这些力量作为天赋和才能、作为欲望存在于人身上；另一方面，人作为自然的、肉体的、感性的、对象性的存在物，和动植物一样，是受动的、受制约的和受限制的存在物，也就是说，他的欲望的对象是作为不依赖于他的对象而存在于他之外的；但这些对象是他需要的对象；是表现和确证他的本质力量所不可缺少的、重要的对象。”[①] 在这里，马克思不仅指出人直接地是自然存在物，具有生命力，在自然和肉体方面具有自然的属性；也明确了伦理拓展的可能性与必要性，认为自然是确证人的本质力量的重要的对象。这一论述指出了生态自然的存在与人类社会内在的关联，并且为从基本的伦理道德的构建上关爱自然提供了理论支撑。

一、德泽万物

在齐鲁文化中，“德泽万物”是与古代先贤对于人的道德关怀所涵涉的范围密切相关的，随着人和社会、自然的发展，其中的内涵和对象也从人类社会拓展到了自然界。《礼记・礼运》曾借孔子之口提出了“大道之行也，天下为公”的大同社会的理想世界。“选贤与能，讲信修睦，故人不独亲其亲，不独子其子，使老有所终，壮有所用，幼有所长，矜寡孤独废疾者，皆有所

① 《马克思恩格斯全集》（第42卷），人民出版社1979年版，第167～168页。

养。男有分，女有归。货恶其弃于地也，不必藏于己；力恶其不出于身也，不必为己。是故谋闭而不兴，盗窃乱贼而不作，故外户而不闭，是谓大同。”这里的“大同世界”首先是人类社会所追求的终极目标，是社会中的每个个体臻于至圣之后所出现的必然状态。在大同社会中，人们的思想境界达到大公无私的状态，“货恶其弃于地也”；每个人都放弃了小我，奉献社会成为人们的主动选择，“力恶其不出于身也”；社会公平公正，洋溢着正义与友善，大家自觉地“选贤与能，讲信修睦”，而且体现出广泛的人道主义情怀，人们不会“独亲其亲”“独子其子”。仁爱之心会普及社会的各个角落，不论是男女老少、鳏寡孤独还是残疾人都能够感受到人间的大爱。这是一个充满亲情的社会，普天之下处处是亲人。当然，每个人仁德和情感的施与又是不同的，其中博爱的精神超过了平等的思想，对于弱势群体的关爱就凸显出来。“它们应该有利于社会之最不利成员的最大利益（差别原则）。”[①]“大同社会”里体现的这种价值倾向，更多强调仁爱的施与和对弱者的同情，没有论及社会发展的效率和效益问题，更没有谈论物质丰富对人民生活改善的问题。这一价值指向在基本精神方面是可以延伸到生态伦理上去的。儒家思想认为，受到“尊尊”“亲亲”的影响，人对周围人的仁德施与是递进式的、有差等的。能够在理想的社会中更多地考虑弱势群体，那么在逻辑上也会影响到自然界中的动植物。毕竟，在当时社会生产力已经比较发达的情况下，自然界相对于人类社会是弱势的，需要更多的关怀。

① ［美］约翰·罗尔斯:《作为公平的正义》，姚大志译，上海三联书店 2002 年版，第 70 页。

在实现理想社会的理论中，诸多思想家都强调了人的地位。《孔子家语·哀公问政》记载：“哀公问政于孔子。孔子对曰：‘文武之政，布在方策。其人存，则其政举，其人亡，则其政息。天道敏生，人道敏政，地道敏树。……礼者，政之本也。是以君子不可以不修身。思修身，不可以不事亲；思事亲，不可以不知人；思知人，不可以不知天。’”在这里，孔子突出了贤君理政的伟大作用，提出治理国家最重要的是得到人才、选取人才，贤君要修养自身、修养道德，要以仁为本。仁，就是具有爱人之心，爱亲人是最大的仁；义，就是事事做得适宜，尊重贤人是最大的义。管子也通过“精气说”明确了人的价值：“古之圣王，所以取明名广誉，厚功大业，显于天下，不忘于后世，非得人者，未之尝闻。暴王之所以失国家，危社稷，覆宗庙，灭于天下，非失人者，未之尝闻。”（《管子·霸言》）过去盛明的君主要成就伟大的业绩，首先需要重视人才，维护人的地位，发现人的价值，让人才得其所、安其位。得人用才的问题解决了，国家自然就稳定和强大了，否则国家将会陷于动荡不安之中。虽然不同的先哲都以不同的方式强调人的价值，突出人的作用，但是这与关爱自然、德被万物是不矛盾的，与西方人类中心主义的观点也是不同的。“化成天下”固然属于“人文”的领域，却不离“天文”。“化成”本身即包含着完成自然界的生命过程这一目的，即不仅要行之于人类社会，而且要行之于宇宙自然。这是人的责任与使命，就是“后以财成天地之道，辅相天地之宜”（《周易·泰·象传》）。因为人之所以与其他的自然万物不同，是因为人得天地之精气，或者说人依凭仁心而能够法天地之大德。王阳明对此解释甚详："大人者，以天地万物为一体者也。其视天下犹一家，中国犹一人焉。……大人之能以天地万物为一体也，非意之也，其心之仁本若是，其与天地万物而为一也。"（《王文成全书》卷二十六《大学问》）因此，人虽然具有超乎其他自然物的能力和手段却并不能够滥用，相反人因在天地之间与天地万物为一体，而且能够意识到自己在天地之间的位置，所以应当承担顺应自然的法则、按照自然规律行事的责任。在这里，生态伦理包含了生态责任，即生态关怀不仅是一种积极的情感，自然也不只扮演弱者的角色等待人的呵护，而且当人与自然处于对立状态时，人类更应该承担起维护天下生生不息的责任。

二、天人一气，万物同体

张载认为人在处理人与人的关系时，要做到兼爱无偏私。在他看来，天下众人皆兄弟，无论贤愚、无论贫富都应该被仁德之心泽及普惠。"以责人之心责己则尽道，以爱己之心爱人则尽仁。"（《正蒙·中正》）张载认为"我"作为有限的存在，由于融入了生生不息的宇宙洪流，便能超越生死苦乐，达到超然的自由境界。"富贵福泽，将厚吾之生也；贫贱忧戚，庸玉汝于成也。存，吾顺事；没，吾宁也。"（《正蒙·乾称》）以生顺死安、两无所憾作为安身立命之本，解决了人的终极关怀问题。张载建立了一个"天人一气，万物同体"的博大精深的哲学体系。"天人之本无二"，"天人不须强分"，"天人异用，不足以言诚；天人异知，不足以尽明。所谓诚明者，性与天道，不见乎小大之别也"。

(《正蒙·诚明》)在他看来，人以天性作为自己的本性，天是人的存在和价值的本性根据。张载还说：“性者，万物之一源，非有我之得私也。惟大人为能尽其道，是故立必俱立，知必周知，爱非兼爱，成不独成。”(《正蒙·诚明》)也正是在这个意义上，他矢志“为天地立志，为生民立道，为去圣继绝学，为万世开太平”。张载的论述表达了一种参天地、赞化育、兼爱万类、成就众生的阔大胸襟，寄寓了一种深沉浩荡的生态意识。

张载在“天地之塞，吾其体”的基础上又提出“天地之帅吾其性”的主张。他认为，人性在天地的统帅下首先应该达到“真”和“诚”的境界。要达到“天人合一”必须诚，以诚心对待自己和万物。“天所以长久不已之道，乃所谓诚。仁人孝子所以事天成身，不过不已于仁孝而已。故君子诚之为贵。”(《正蒙·诚明》)而诚就是真实无妄，也是天地之气充塞人体，只有那些体会到天地之诚才能称得上是得天之道的人，方有可能与天合而为一。事实上，无论是诚还是善，主要还都是大心虚静的修养功夫，不以闻见梏其心，以天下万物为一体，以成全天地之性，具体而言，就是“平物我”，物我兼照。在张载看来，唯“大其心”才能体天下之物，人的自我才能突破小我的局限而与天地一样大，万物就能包于自己的大心之中，就成了大我的一部分。“是故立必俱立，知必周知，爱必兼爱，成不独成。”在天地一体的基础上，万物都是互通的，人和自然形成了有机的整体。人与自然不仅在物质形态上是整体性的，更重要的是在道德上也是相互感通的。因为，人与万物都是由乾父坤母的阴阳二气聚合所生成的，应该把所有的人都当成同胞来看待，即“民胞”；把万物都当成人类的朋友，即“物与”。这种物我相通的精神就是《西铭》中的“民吾同胞，物吾与也”。“这无疑是有机整体论的学说，但这里突出了心的作用，也突显了人的责任感与义务感。只有人才能‘大其心’，才能体验到万物的生命价值，这正是人的使命所在。”①

张载认为，人作为天地之间的一部分，是整个宇宙之生生不息的践行者和承担者，人不仅受养于自然万物，从自然中获得生存的资源，而且要承担关爱自然万物的责任和义务。他“视天下无一物非我”，天地间一切事物都是人的情感和意志的化身。人应该“为天地立心”而不凌驾于其上，与万物一体，平和乐天而仁爱万物。这种“民胞物与”及人与万物为一体的思想，提出把自然万物也当作道德关怀的对象。这种思想与现代生态伦理学所倡导的生态整体观不谋而合，有异曲同工之妙。当代的生态伦理学主张生态共同体的意识，提出应把道德共同体的范围扩展到非人类的生命，人应尊重生命，尊重自然自身的完整性，人的行为应当促进自然的和谐与稳定。这种“天人一体”“民胞物与”，把自然万物看成“相感而应”的整体性思想与现代生态伦理思想不谋而合。董仲舒进一步将“仁者爱人”思想引申到人们对自然环境的爱护，“质于爱民，以下至于鸟兽昆虫莫不爱。不爱，奚足谓仁?”（《春秋繁露·仁义法》）这就是说人之为人最关键的是仁爱人民，以至于鸟兽昆虫没有不爱。如果没有这种博爱，怎能称为仁?

① 蒙培元:《张载天人合一说的生态意义》,见《人文杂志》2002 年第 5 期。

这一思想在今天的环境伦理那里得到了回应。国际著名环境伦理学家霍尔姆斯·罗尔斯顿说："我们之所以把生态共同体当作一个与有机体不同的系统层面来理解，就是为了要把这些松散但并非无价值或无繁殖功能的联系包括进共同体中来。适应包括对这两个层面的适应。这要求我们要像尊重有机过程那样，尊重生态系统过程。"① 美国著名人类生态学家巴里·康芒纳在《封闭的循环：自然、人和技术》一书中提出："就在这个最原始的形式中，我们看见了一幅巨大的图像——后来成为极为重要的生命构成的基础：一个生命过程与另一个生命过程之间的相互依赖；地球上的生命系统和环境的非生命成分的相互内在联系的发展；由太阳的能量所推动的、在一个巨大的圈子里生命的各种物质不断重复地转换。"②

第二节　和谐共生：人与自然的相处之道

生态伦理学认为，人与自然的亲和关系不仅体现了人对自然的道德义务，而且印证了人自身的道德水准。在齐鲁文化中，人对天地万物的使命与责任是治世和修身的重要途径，对今天探讨人与自然的关系亦具有借鉴意义。

---

① ［美］霍尔姆斯·罗尔斯顿：《环境伦理学》，杨通进译，中国社会科学出版社2000年版，第213页。

② ［美］巴里·康芒纳：《封闭的循环：自然、人和技术》，侯文蕙译，吉林人民出版社1997年版，第15页。

一、与天地合其德

在我国早期文献中，《周易》较为系统地论述了天人关系，对人与自然的相处之道，以及人在天地自然中的位置和责任进行了论述。《周易·系辞下》说："《易》之为书也，广大悉备。有天道焉，有人道焉，有地道焉，兼三才而两之，故六。六者非它也，三才之道也。"人作为"三才"之一，为天地所生，为万物之一员，但是，人毕竟不同于万物，人不仅有特殊的地位，还有其特殊的作用。人与物最大的不同就在于人有"仁义"之性，有"性命"之理，这就决定了人在天地万物之中，相对于其他的生物来讲负有一种天赋的使命和神圣的责任。《周易·乾》卦辞有"元、亨、利、贞"四个范畴，《周易·文言传》称元、亨、利、贞为"四德"，又将这四种天之大德变成了属人的德行，称之为仁、礼、义、正四德。在天之"四德"中，"元者，善之长也"，也就是说，"元"是"善"的起点和基因，具有在现实中发展为善的可能，但如果没有现实的条件，也只能是潜在的。真正能够把"元"化为"善"的就是人，人在继之为善的过程中要发挥自己的主观能动，把善的目标内化为自己的人性。这说明"善"也只是一种外在的目的，真正实现还要"成性"。事实上《易传》所说的"元"，就是儒家所说的"仁"。《周易·系辞上》说："安土敦乎仁，故能爱。"人如果发展了内在的善端，以敦厚的德行去培育仁心，便能爱万物。《周易·坤·象传》说："君子以厚德载物。"这"厚德"也就是"敦仁"，"载物"也就是"爱物"。

有仁义是人的天赋，行仁义是人的天职，天地间唯有人才有“仁义”之性，也只有人才能尽其仁义而“成物”。人要认识到自己的天性，并且仁爱万物。所谓“顺性命之理”，就是指人应该顺应自然的法则，履行天地的安排，承担自己的天职。天地生人，所生之人便有性命，与天地并立而为三，这正是由人的特殊地位决定的。

《易传》认为，万物与人的生成需要一个过程。不仅人的身体的产生需要阴阳和合，天地细缊，而且人的内心“成性”，以至关爱万物也需要在“生生”的过程中实现。“天地细缊，万物化醇；男女构精，万物化生。”（《周易·系辞下》）这种进化不仅反映了自然界的生成变化是一个有秩化的进程，而且具有道德目的性意义。对此，《周易·序卦》进行了系统说明。“有天地然后万物生焉；盈天地之间者唯万物。”在这里，天地生成了自然万物，这种生成是有先后的，从低到高逐次发展。《周易·序卦》还描述了这一过程的顺序，即“有天地然后有万物，有万物然后有男女，有男女然后有夫妇，有夫妇然后有父子，有父子然后有君臣，有君臣然后有上下，有上下然后礼义有所措。”在这里，“万物”“男女”“夫妇”“父子”“君臣”等是天地化生的阶段性的产物。“万物”是指一切存在物；“男女”泛指有生命之物，以性别来代表生命的延续和动能，同时“男女”也就是“阴阳”，是生命之物生存发展的根本动力。由此往后，才有夫妇、父子、君臣等家庭、社会关系，才有仁义之性、礼义之措。一个完整的、有德的人就是在这个过程中生成的。因此对人而言，自然界不仅是人的生命存在的根源，而且是人的生命意义和价值的根源。人之所以能够戴天履地，与天地并称为“三才”，其特殊地位归根到底是由自然界给予的，因而必然地对天地自然负有一种使命。《周易·系辞下》说：“古者包羲氏之王天下也，仰则观象于天，俯则观法于地，观鸟兽之文，与地之宜，近取诸身，远取诸物，于是始作八卦。”八卦是在“仰观俯察”与“近取诸身，远取诸物”的过程中形成的。在观察中有生命体验，在体验中有客观观察。这样做便自然产生了人与自然合一的生命哲学。《周易·乾·文言传》说：“夫大人者，与天地合其德，与日月合其明，与四时合其序，与鬼神合其吉凶。先天而天弗违，后天而奉天时；天且弗违，而况于人乎，况于鬼神乎？”在这里，“天人合一”的境界不仅包括“大人”的道德，而且包括其种种德行。“与天地合其德”之“德”，从天的方面说，就是“生生之德”；从人的方面说，就是“性命”之德。“生生”始终是天之至德，仁义礼智信的道德属性都是由“生”之大德而产生的。

此外，《周易》中还有“穷理尽性以至于命”（《周易·说卦》）之说。人如果能够穷理尽性，尽性而至命，就是实现了天赋道德的目的，完成了人的使命。因此，所谓“合德”，就是实现生命的目的，其中包含着“裁成”天地之道、“辅相”自然生化之功。这正是人的生态德性的体现。现代著名思想家阿尔贝特·史怀泽面对工业社会所造成的恶劣生态环境，曾言：“善是保持生命、促进生命，使可发展的生命实现其最高的价值。恶则是毁坏生命、伤害生命，压制生命的发展。这是必然的、普遍的、绝对的伦理原理。”[①] 实现了“天人合一”境界，人对自然界的万物自然就能充满爱，因为人与万物是息息相关的，人的德性就是以完成万物生长为目的的。

二、人与天调，然后天地之美生

管子的思想包含多处探讨人与天关系的内容，以“天有其常”明确了自然之天的理论基础，提出了“人君天地”的实践观念，并且把“人与天调”作为衡量人和自然之间伦理关系的基本法则。其生态理念的旨归在于提出了人应主动地适应自然，与自然相协调的天人和谐的理论，把人认识自然、了解自然和关爱自然作为其自然伦理思想的有机组成部分，把保持自然资源的可持续利用和人与自然关系可持续发展作为面对自然的基本态度。在《管子》那里，天就是自然之天，是在自然规律支配下的各种自然物和自然过程的总和。“天不变其常，地不易其则，春秋冬夏不更其节，古今一也。蛟龙得水而神可立也，虎豹得幽而威可载也，风雨无乡而怨怒不及也。”（《管子·形势》）可见，天不是人和神的天，也不是宗教的天，而是自然之天。论及天人关系时，《管子》明确了天人既相分又相合的关系。“天有常象，地有常刑，人有常礼，一设而不更，此谓三常。”（《管子·君臣上》）天、地、人有其各自的规律，分别按照常象、常形和常礼产生发

① ［法］阿尔贝特·史怀泽著，《敬畏生命》，陈泽环译，上海社会科学院出版社 1995 年版，第 9 页。

展。同时，天、地、人又有共同的根本，生发的源头又是统一的。“凡道无根无茎，无叶无荣。万物以生，万物以成，命之曰道。”（《管子·内业》）在这里，天人在本质上是相统一的，因为天、地、人皆由道生，都是道之大化流行的产物，都是宇宙世界这一有机体的一部分。

在此基础上，《管子》提出了“人君天地”的主张。所谓“人君天地”是对人的自我能力的确认，是对人运用自身能力认识自然规律，并且利用自然，变自在之物为我之物的具体表述。它要求统治者能够了解“天地之气，寒暑之和，水土之性”（《管子·七法》），熟悉各种自然现象及其背后所蕴含的社会意义，从而减轻或去除自然灾害对人造成的影响。在《管子》看来，面对天地自然的发展变化，不能仅仅被动地应对，要体现出人的主动性和主宰性。但是，人不能滥用这种能力，应该谨慎地运用自由意志，顺天道而为，循天理而动，尊重自然规律。因此，人与天地要达到和谐，就需要人发挥自身的能动性，去认识自然，在人和自然的辩证关系中与天地和谐相处。但是，仅有功利性的利用和科学性的认识，还无法上升到生态伦理的高度，也无法实现人对自然的道德关怀。在认识自然的基础上，《管子》提出了“人与天调，然后天地之美生”（《管子·五行》）的主张，从价值关怀的角度对人与自然的和谐提出了建设性的观点。自然对于人来说，不是抽象的、无价值的存在物。天地自然和人一起生于道、成于气、据于德，有其内在的价值。“虚无无形谓之道。化育万物谓之德。”（《管子·心术上》）天地生育万物本身就是大德，而且据德而生的万物，和人一样具有内在的价值。因此，人应该在实践中尊重天地自然的内在价值，不逆天、不违天，与天地相协调，与自然万物和谐相处，协同发展。

三、知和不争，慈爱万物

道家也有爱物的思想，但是对于自然万物的爱护，并不像儒家那样突出仁爱的思想。在老子看来，人需要不断提高体认天道的境界，并提出了“三大法宝”。“我有三宝，持而保之。一曰慈，二曰俭，三曰不敢为天下先。慈，故能勇；俭，故能广；不敢为天下先，故能成器长。”（《道德经》第六十七章）这里所谓的“慈”没有“仁爱”之意，不是针对具体的自然之物的情感关怀，而是道家“道法自然”之慈，包含着“无为”“无欲”、敬畏自然、尊重自然之天然本性、不干涉天地生生之进程的生态内涵。老子说：“夫慈，以战则胜，以守则固，天将救之，以慈卫之。”（《道德经》第六十七章）行天道就是要按照无私、无我的“慈”的方式来关爱天下自然万物。因此，在道家这里，“慈”的内涵更接近宽容和无私。天地万物、芸芸众生正是在天道的宽容和无私中才得到生存和发展的。在老子这里，“慈”为价值评判的根基和“道”的首要品德，也是其生态伦理思想的拱心石。有德之士和得道之人，对待人和万物都应该具有宽容的美德。因此，在人与自然交往的过程中，人不应以自我的偏私去干预自然生生的过程，应该让它们按照自己固有的方式自然而然地发展。老子将“慈”引入人与自然的关系，其实质还是要求人类效法自然之道。老子进一步指出："今舍慈且勇，舍俭且广，舍后且先，死矣！"（《道德经》第六十七章）也就是说，老子认为一旦丢弃了这"三宝"而走向反面，那么人类只有死路一条。与慈相对的是用，与俭相对的是广，与后相对的是先。在老子看来，代表人积极有为的"勇""广""先"恰恰是人走向灭亡的原因。秉持无为的观念，对天地万物以顺承其自然发展的态度保持慈爱，是老子对人与自然关系的生态规律的深刻总结，成为中国古代极其宝贵的生态智慧精华。这种精神与儒家的思想和管子的思想有根本性的差异。在此基础上，道家赞扬了以自然为师，无私心、不居功、不主宰的宽大胸怀。"圣人之道，为而不争"（《道德经》第八十一章），意味着不与万物相争，善待自然，爱护万物，这才是至德之人所为。老子还提出："不尚贤，使民不争。"（《道德经》第三章）人类在生存发展中应该向自然让渡权力，而不是掠夺利益；应该顺天地之自然，而不是张扬自我的欲望。《庄子·杂篇·让王》曰："古之得道者，穷亦乐，通亦乐。所乐非穷通也，道德于此，则穷通为寒暑风雨之序矣。"对于得道之人，物欲已经退居其次，贫贱和富贵无意于胸中。一个人如果明白了"知足不辱，知止不殆"的道理，并将此信念贯穿于行动之中，那么他就会进入一个新的人生境界。

黄老道家对道法自然思想的发展和推进，还表现在对天人和谐相处关系的具体阐发上，提出了一些资源保护的相关措施。在追寻万物一体的生态和谐观上，黄老与儒家都一样，都认为人类社会和天地自然是密不可分的整体。要以对待人的伦理观念对待自然，要遵循自然规律去面对自然，否则就会招致祸患。也正是在这种观点的影响下，黄老道家提出了尊重生命的生态保护观。《管子·八观》中就有："山林虽广，草木虽美，禁发必有时。国虽充盈，金玉虽多，宫室必有度。江海虽广，池泽虽博，鱼鳖虽多，罔罟必有正。船网不可一财而成也。"山林虽广，草木生长虽好，封禁开发必须有定时；国虽富裕，金玉虽多，宫室兴建必须有限度；江海虽宽，池泽虽大，鱼鳖虽多，捕鱼之业必须有官管理；船网之民不可只依靠单一财路来维持生活。《淮南子·主术训》也细数了一系列的具体的生态保护的法则："先王之法，畋不掩群，不取麛夭，不涸泽而渔，不焚林而猎。豺未祭兽，罝罦不得布于野；獭未祭鱼，网罟不得入于水；鹰隼未挚，罗网不得张于溪谷；草木未落，斤斧不得入山林；昆虫未蛰，不得以火烧田。孕育不得杀，鷇卵不得探，鱼不长尺不得取，彘不期年不得食。"作为先王之法，这些行为规范不仅是遵循自然规律的，而且是有德的，通过对自然的保护来实践内在德行的要求。从中我们也可以看出古人对于生态伦理的价值诉求。

第三节　博爱包容：人对于自然的真切情感

生态伦理思想要求把天地间一切有生命的自然物都纳入伦理关怀的视野，超越道德偏私的小我，实现德及众生的大我。齐鲁文化中包含丰富的博爱包容的伦理观念，为当代的生态伦理思想的建构提供了思想资源和理论依据。

一、民胞物与

中国人对自然的伦理关怀和博爱意识比较集中地体现在“民胞物与”这一思想中。“民胞物与”一词出自北宋张载，是他“天人之学”的核心表述形式，是人修身立德的一个重要的指向。张载在《西铭》中曰：“乾称父，坤称母；予兹藐焉，乃混然中处。故天地之塞，吾共体；天地之帅，吾其性。民，吾同胞；物，吾与也。大君者，吾父母宗子；其大臣，宗子之家相也。尊高年，所以长其长；慈孤弱，所以幼其幼。圣，其合德；贤，其秀也。凡天下疲癃残疾茕独鳏寡，皆吾兄弟之颠连而无告者也。”张载在这里突破了早期儒家以血脉定亲疏，以族类分远近的理论限制。人的道德实践，除了关怀人类自然、格物、致知、诚意、正心、修身以及人与人之间的伦理关系如齐家、治国、平天下，还要在更高的层级上思考人与天地万物之间的伦理关怀，如“尽物之性”“参天地化育”“与天地参”等。在此基础上，张载提出了得天而不遗人的主张，展示了天人一体、兼爱万物、成就众生的宏大胸怀，传达出一种博大浩荡的生态情怀。人与自然的伦理关系始于天地万物的伦理建构。《周易·说卦》中说：“乾，天也，故称乎父；坤，地也，故称乎母。”张载继承并发扬了这个观点，他对此曾解释说：“天地更分甚父母？只欲学者心于天道。”在《正蒙·太和》中，他构建了“太虚即气”的本体论思想。他认为宇宙万物的本原是气，“太虚无形，气之本体；气聚气散，变化之客形尔”。太虚之气是产生世界万物的本质、本原，充塞天地之间，人和其他的生物在本原上是互通的，天地与人本来就是一体的。“天地之塞，吾其体”，“聚亦吾体，散亦吾体，知死之不亡者，可与言性矣”。在天地之气的流动之下，个体就能够突破自我意义上的“小我”，而成为充塞天地之间的“大我”。天人之间的隔阂与差异被洞穿，人成为戴天履地的宇宙之人。在论及人如何与天地共通时，张载提出“大心体物”“民胞物与”。他说：“天性，乾坤、阴阳也，二端，故有感；本一，故能合。天地生万物，所受虽不同，皆无须臾之不感，所谓性即天道也。”（《正蒙·乾称》）在这里，一切事物内部都具有阴阳两端，阴阳的矛盾与和合是其天性，阴阳相互感应，构成万事万物生成和发展的动力。“天道不穷，寒暑也；众动不穷，屈伸也。鬼神之实，不越二端而已矣。两不立，则一不可见；一不可见，则两之用息。两体者，虚实也，动静也，聚散也，清浊也，其究一而已。感而后有通；不有两，则无一。故圣人以刚柔立本，《乾》《坤》毁则无以见《易》。游气纷扰，合而成质者，生人物之散殊；其阴阳两端，循环不已者，立天地之大义。”（《正蒙·太和》）阴阳二气循环不已，天地之气合和生物，而人也因阴阳之气的相反相成而产生。

在天人一体的整体结构中，人性完整而深刻地体现了先天的本性，而且人能够觉悟自己的本性，扩充自己的本性，从而发挥、完善自然天道所赋予人的“大德”，此即所谓“穷理尽形以至于命”。人不仅需要以自然万物与人类本身的相通性为事实的前提，而且应该以同胞的关系广泛地关爱民众，同时应该以伙伴关系博爱物，从而为通达天地的道德实践提供观念的支持和理论的阐释。在他看来，父母就是天地，君臣长幼都是兄弟。所以能如此，在于以天地之气的涌动取代了血脉的承递，以充塞宇宙的德行解释人生。天地之气和合而生万物对所有自然的存在者都是公平的。在此前提下，既然我之气即天地间气，我之性即天地之性，“民胞物与”就是必然的结论了。人既生于天地，就需要自觉地与天地合德，圣贤便是如此践履的典范。天地生万物的客观过程与践行天地生生大道的道德主观自觉联系了起来。结果，生存状态各异的天地万物，都享受到了广泛的关爱和公正的对待。我们以“物与”的情怀善待万物、尊重一切生命，自然和人类的关系是和谐而融洽的。

二、天道无私

稷下道家从另一个方面谈论了仁爱施与，从中我们也可以看到建立生态共同体的伦理根据。《管子》强调“无私”，认为天道“无私”，没有本位的利益；慈爱大众，没有任何偏倚。《管子·形势解》说：“天公平而无私，故美恶莫不覆。地公平而无私，故小大莫不载。无弃之言，公平而无私，故贤不肖莫不用。故无弃之言者，参伍于天地之无私也。”在这里，上天不会因自己爱美丽而嫌弃丑恶，大地也不会根据自己的喜好而爱大嫌小，因为天地无私、不偏不倚。《管子》在这里明确了天道自然的基本规律，就是超越一切的种属和类别，没有价值的好恶，没有观念的局限，把至高的仁德遍施于天下万物。圣明的君主应该学习天地之无私，培养天地之大德，按照自然规律在实际行动中履行上天赋予的责任和义务。“先王重荣辱，荣辱在为。天下无私爱也，无私憎也，为善者有福，为不善者有祸，祸福在为。故先王重为。明赏不费，明刑不暴。赏罚明，则德之至者也，故先王贵明。”（《管子·枢言》）在这里，管子突出了法天地和有为的道德观和荣辱观。天地没有私爱和私恨，对所有的人都是公平的，实际行善者有福，实际行不善者有祸，祸福都在于实际行动。因此，管子的这种价值观念是建立在维护自然规律，超越狭隘的人类种属的限制的基础之上的，体现了博爱与包容。

这种普惠万物、不偏不倚的理论倾向，在道家思想中多次出现过。《庄子·内篇·大宗师》记载了这样一个故事：“子舆与子桑友。而霖雨十日，子舆曰：‘子桑殆病矣！’裹饭而往食之。至子桑之门，则若歌若哭，鼓琴曰：‘父邪！母邪！天乎！人乎！’有不任其声而趋举其诗焉。子舆入，曰：‘子之歌诗，何故若是？’曰：‘吾思夫使我至此极者而弗得也。父母岂欲吾贫哉？天无私覆，地无私载，天地岂私贫我哉？求其为之者而不得也。然而至此极者，命也夫！’”在这里，庄子提出，苍天没有偏私地覆盖整个大地，大地没有偏私地托载着所有生灵，天地难道会单单让哪一个人贫困吗？天下万物皆为天生地养，天地对于所有的生灵都没有偏私，这种“无私”看似无情，其实却是对生生之德的最好诠释。庄子曾谈论过无私与无情，“惠子曰：‘既谓之人，恶得无情？’庄子曰：‘是非吾所谓情也。吾所谓无情者，言人之不以好恶内伤其身，常因自然而不益生也’”（《庄子·内篇·德充符》）。庄子并非丢掉了人伦的感情，而是“人之不以好恶内伤其身，常因自然而不益生也”。他是以“齐物”的观点视万物为一体，所以忘怀得失、消泯美丑。老子也提出过天地“无私”的观点：“天长地久。天地所以能长且久者，以其不自生，故能长生。是以圣人后其身而身先，外其身而身存。非以其无私邪？故能成其私。”（《道德经》第七章）天地之所以能长久存在，是因为它不是为自己谋求私利，所以才能得到永恒。圣人则天法地，以谦让退后为处世之道，反而能够领先，置自身于度外反而能够保全自身。在此基础上，老子提出了“不仁”的说法：“天地不仁，以万物为刍狗；圣人不仁，以百姓为刍狗。”（《道德经》第五章）天地无私，虽然在每个个体看来似乎不仁，但这恰恰是宇宙自然的本然规律。圣人对待天地间的事物，是按天地大道的规律来处理的。《吕氏春秋·孟春纪·去私》也说：“天无私覆也，地无私载也，日月无私烛也，四时无私行也，行其德而万物得遂长焉。”“阴阳之和，不长一类。甘露时雨，不私一物。万民之主，不阿一人”。（《吕氏春秋·孟春纪·贵公》）这就是圣明的君主按照客观天道的和谐运行而获得的良好的政治生态。虽然在儒家看来，这种无私近于无情，但是从它突破了人类本位主义和狭隘的道德关怀的角度来看，的确值得当前生态伦理学理论借鉴。

三、兼爱理论与关怀万物

“兼爱”是墨家学派主要的思想之一。梁启超非常推崇墨家的思想，称墨家的理想“非国家主义，而世界主义也”。“兼爱”一说，最初见于墨家思想。《墨子·兼爱中》说：“然则兼相爱、交相利之法将奈何哉？子墨子言：‘视人之国若视其国，视人之家若视其家，视人之身若视其身。'"“兼爱”，又称“兼相爱，交相利”，是墨家处理人际关系的一种基本的道德准则。“子墨子曰：‘夫挈泰山以超江河，自古之及今，生民而来，未尝有也。今若夫兼相爱、交相利，此自先圣六王者亲行之。'"（《墨子·兼爱下》）在“仁”的内涵与施行上，墨家与儒家针锋相对，墨子反对“仁”的内涵中的“尊尊”“亲亲”，反对爱有差等。墨子强调爱无差等、相爱互利，呼吁人们在施爱的过程中冲破贵贱亲疏的差别，平等地爱人利人。“天下之人皆相爱，强不执弱，众不劫寡，富不侮贫。”“贵不敖贱，诈不欺愚。凡天下祸篡怨恨可使毋起者，是以仁者誉之。”（《墨子·兼爱中》）兼爱，意味着跨越了道德的边界思维和狭隘的本位思想，就是平等意识的萌生。如果天下行兼爱之道，那么不仅尊卑贵贱的等级秩序会被打破，出现人人平等的和谐社会，而且从理论逻辑的发展来看，这种爱的力量会突破任何种属的局限，把生态世界中的一切生命存在物都纳入道德关怀的范围。

墨子所倡导的“兼爱”之说，从根本上讲，是追求平等的“道德普遍主义”。从生态意义上讲，“兼爱”所倡导的这种“道德普遍主义”，可以延伸拓展到建立可持续发展的“生态共同体精神”。仁爱的思想不仅适用于人类，而且适用于与人有关的自然环境。墨家“兼爱”思想提倡人们“视人之家，若视其家”，如果把墨子的“兼爱”思想范围扩大，将其仁爱的思想应用到整个生物圈，以对待别人如同对待自己那样为理论起点和道德出发点向外拓展，那么整个生态环境就能保持和谐健康的发展。在这里，道德从人向社会、向自然延伸，不是说道德内涵在逐次递减，而是涉及的方面越来越广。人只有与整个自然界的其他生物和谐共处，才能得到可供人类社会永续发展的自然资源，反过来也会作用于自然界，实现真正的可持续发展。这一思想在今天的道德观念中引发了巨大的回响，被化用到当前社会主义核心价值观的建设中，如“善待亲人以构建和谐的家庭关系，善待他人以构建和谐的人际关系，善待万物以形成和谐的自然生态环境”[①]。

儒家思想中也有兼爱的提法。张载提出了“兼爱”则“民吾同胞”的实践原则和要求，并且提出了“物吾与也”的生态观念。他说：“惟大人为能尽其道，是故立必俱立，知必周知，爱必兼爱，成不独成。”（《正蒙·诚明》）在张载这里，圣贤的道德关怀出于尽道而体天下的胸怀，是为天地立心的必然结果。这里虽然具有非常明显的儒家仁爱说的特点，但是从“爱必兼爱”来看，这种情感已经超越了血亲缘系的理论限制，与万物一体，平和乐天而仁爱万物。张载的“兼爱”揭示了人与天地万物所组成的大家庭中的最核心的关系。人通过爱人、爱物提升自我的境界和认识。“爱人然后能保其身；能保其身则不择地而安；不择地而安，盖所达者大矣；大达于天，则成性成身矣。”（《正蒙·至当》）通过“大达于天”，张载视人类与自然界的所有存在物为一个统一的有机整体，追求天人之间的整体和谐。这其中包含着对自然万物生存权利和存在自由的尊重，也把自然万物当作道德关怀的对象。

① 任仲平：《定义核心价值观十二词》，《人民日报》2015 年 4 月 20 日。

第四节　民胞物与与现代生态伦理意识

人类历史上发生的许多事件，从本质上讲是人与大地之间发生的生物相互作用的结果。由于认识的局限和价值倾向的偏误，人们过去仅仅把伦理关怀的视线聚焦在人类自身，而忽略了人类之外的相关主体。这就造成了自然在整体发展中逐渐被忽视，失去话语权，甚至被肆意掠夺的悲剧现状。生态伦理的意义在于，认识到大地上的一切事物都处在不可分割的相互依存状态，它们同人一样有持续存在的价值和权利。在中国传统文化中，特别是在齐鲁文化中，自然是在场的，在人类的价值体系中扮演着不同的角色，能够为现代生态伦理意识注入丰富的内涵。

首先，肯定价值共同体与伦理普遍关怀。从人类文明史的角度来看，人的伦理观念是随着生产力水平、社会文化形态等不断发生变化的。人的伦理观念的范围也在不同的文明环境中扩大或缩小。美国学者纳什在《大自然的权利》一书中曾明确提出了这一点。他认为权利的概念在天赋权利的前提下不断扩展，从美国《独立宣言》，到宣告奴隶解放的宣言，再到承认黑人权利的民权法案，公共权利的受益范围在不断扩大。以整体的生态观为思考背景，人类的自由只有在自然界的良性发展的前提下才有可能。因为自由的标准是由自然环境中的每一个成员决定的，是以其他物种为参照系予以恒定的，只有人这一物种无法决定自身是否自由。同时，在生态共同体范围之内的非人类的种属根本没有针对整个生存环境的伦理观念，它们是人类伦理进步的受益者，更不会以合乎伦理的行为方式与人类交流。因此，不可能在人与人平等的基础上建立与其他种属的交往关系。归根到底，生态共同体的建立是人类将传统伦理关怀中的精神无偿地让渡给生态环境。我国的现代生态伦理建设要根据现实环境的变化不断调整伦理内涵。如前所述，齐鲁文化在对人与自然的整体性关怀方面具有丰富的思想经验，人伦道德意义与自然生态意义之间是一种相互影响的关系，人对天、天道、自然怀有敬畏和感激之心。我们需要重视这种优秀的民族心理，克服人类中心主义的价值偏狭，使关爱自然成为以科学态度善待自然环境的普遍前提。

其次，突出人作为生态伦理的主体的责任。生态伦理中包含非常明确的生态责任意识，人和万物生存于其中的宇宙自然是一个由纵横关系交织而成的大家庭，一切人或物都是这个大家庭的成员。而人类作为这一大家庭中的特殊成员，具有与其他成员不同的自觉意识和能动精神，这使得人在处理自然问题时具有更大的自由，同时也应承担更多的责任。作为受惠于自然的社会性存在，人类有责任和义务恢复自然、建设自然，保持人与自然和谐共进。20 世纪 50 年代以来，人与自然的关系主要体现在与人类造成的生态危机有关的问题上。我们要以“生态保护第一”作为基本遵循和行动指南，用更多精力、下更大力气，保护好我们赖以生存、生生不息的美好家园，担当起对国家和民族的重大历史责任。我国在生态文明建设的过程中从不同的层面明确了人对自然的责任和义务。通过倡导正确的生态价值观念，制定完善的生态治理制度，践行绿色生产和绿色消费，确保人在生存发展的过程中合理、有效地从自然中获得生存资源，并且实现人类社会的可持续发展和自然的健康发展。在这一方面，齐鲁文化对人对自然的责任提出了明确的要求。如儒家思想中的“民胞物与”就强调了人的责任感和义务感。只有人才能体验万物的生命价值，这也是人的使命所在。而道家则按照自然规律在实际行动中履行了上天赋予的责任和义务，突破了人类本位主义和狭隘的道德关怀。这些思想都值得当前生态伦理思想吸收和借鉴。

最后，提倡生态共同体意识与兼爱万物的精神。“兼爱”的思想在今天的生态保护实践中具有非常重要的意义，可以从理念上平衡生态利益冲突的各个方面，维护全人类的共同利益。因为环境问题已经不再是一个国家、一个民族的问题了，它需要集人类全部的力量去找寻对策，克服危机。因此，“兼爱”给化解生态问题提供了伦理的支撑，要着眼于人类共同的利益，把人从国家本位的思想中解放出来。生态伦理学认为，应该提倡道德共同体的理念，把道德关怀的范围扩展到所有的生命体，人应尊重生命和自然自身的完整性，人的行为应当促进自然的和谐与稳定。施里达斯·拉夫尔在《我们的家园——地球》中提出：“为了对环境危机做出反应，没有比我们被排他性带来的影响更为不幸的了。排他性正是同我们需要用于创建一个全球联盟以求得可持续生存的那种价值观背道而驰的。如果没有这些价值观念，没有一种超越于民族忠诚的人类一体性的认识，没有一种把世界看作一个大家庭的思想，我们就无法把我们的意志统一起来，共同采取行动来拯救我们自己。如果不同生存的道德伦理来指导我们，一旦我们遇到灾难，我们可能往往就会只考虑拯救自己而不是拯救他人的命运。这样我们就忽视了一个事实，即他们的命运就是我们的命运。共同的命运已经把我们联系在一起了。”① 因此，“兼爱”思想所孕育出的生态共同体的思想，正是我们培育生态家园的精神支柱。我们要超越文化差异的局限，超越类的限制，去营造一个人类与自然万物共同的家园。

① ［圭亚那］施里达斯·拉夫尔：《我们的家园——地球》，张坤民译，中国环境科学出版社 1993 年版，第 192 页。

第六章 尚俭节用

反对奢侈，崇尚节俭，主张节用，是中华民族的传统美德，是齐鲁文化的重要内涵，也是当前生态文明观的有机组成部分。中国传统社会以农业为本业，手工业和商业为末业，因此重农抑商一直是传统社会的主导性观念。在农业科技水平不发达，土地资源和劳动力资源有限的情况下，农业的产出是无法满足逐渐膨胀的人欲的。因此，不论是统治者的治世思想，还是理论家的哲学观念，抑或民间的生活智慧，基本上都主张崇俭黜奢，反对奢侈浪费，主张爱物节用。在传统文化中，尚俭节用的思想不仅是经济学意义上的功利活动的产物，而且被提升到了人的道德修养和人生境界的层面，成为具有哲学意义的理论命题。在中国传统哲学思想中，尚俭节用的观念几乎出现在所有的学派中，儒家思想家孔子提出“孔颜乐处”，高度赞扬抑制人欲和倡导简朴；孟子提出“养心莫善于寡欲”，认为可以通过节用来培育自我的仁心；荀子主张“长虑顾后”，认为人应该从长远考虑、顾及以后以便让人和社会可持续发展；道家老子提出“无为”“知足”，指出人应该以“无为”的姿态节制欲望，以“知足”的态度面对自然的馈赠；庄子提出“同乎无欲，是谓素朴”，倡导节欲朴素的生活观念；墨家的墨子直接以“节用”作为自己理论的核心命题，认为统治者应当“节用”以使百姓“暖衣饱食”。除此之外，齐国良相晏子、宋明理学大师程颐等先贤大哲也都倡导简朴，从不同的方面论述了勤俭之于人生意义的重要价值。

这些思想和理论作为宝贵的精神财富，在今天依然具有重要的理论价值和现实意义，特别是在自然资源的使用以及对生态环境的保护方面，具有非常重要的生态价值。在当前科技不断发展、人欲不断膨胀的事实面前，自然环境被严重破坏。正如马克思所指出的，“我们不要过分陶醉于我们对自然界的胜利，对于每一次这样的胜利，自然界都报复了我们”①。在全球化进程中，生态问题已经成为全人类共同面对的最大危机。20 世纪 60 年代以来，人们开始逐渐认识环境问题的严重性，并且呼吁全人类对环境问题进行关注。1962 年，美国海洋生物学家莱切尔·卡逊发表著名的《寂静的春天》，以人类破坏自然的事实说明人类正处

---

① 《马克思恩格斯选集》(第 3 卷)，人民出版社 1972 年版，第 517 页。

于生存发展的转折点上。1972 年，联合国召开环境会议，发布著名的《人类环境宣言》，将保护自然环境提到全人类关注的高度。我国也在 20 世纪 70 年代开始重视环境问题，此后接连提出可持续发展方针与科学发展观。近年来中国政府一再强调良好的生态环境是社会生产力持续发展和人们生存质量不断提高的重要基础。因此，我们需要吸收古代哲学思想中关爱自然、尚俭节用的思想观点，以建立人和自然可持续发展的和谐社会。

第一节　天地大美与孔颜之乐：齐鲁文化中的生态价值追求

在齐鲁文化中，人对天地的关爱并不限于对现实物质的需求，也不是仅仅从道德的层面对人的欲望进行约束和规范。从“大哉乾元”对天生万物的赞叹，到孔子“吾与点也”的“孔颜之乐”，我们可以看到，对人与自然之间积极关系的评价是齐鲁先贤对道德境界与审美境界完美结合的向往，也是人成就自我和保护自然高度一致的价值追求。

一、天地大美

在儒家思想中，对天地的赞美来自于人对天生地养的恩德的描述，以及对人的道德与天地之大德相统一的追求。《周易》通过乾坤两卦对天地生万物进行过清晰系统的描述。《周易·乾·彖传》

曰：“大哉乾元，万物资始，乃统天。云行雨施，品物流形；大明终始，六位时成；时乘六龙以御天。乾道变化，各正性命；保合太和，乃利贞。”这是对于万物创生的乾元之气的描述。这种刚健有力、生生不息的创生力量贯通于天道运行的过程之中，生成了天地万物也生成了人类社会，因此人与自然总是处于动态的变化之中。《周易·坤·彖传》曰：“至哉坤元，万物资生，乃顺承天。坤厚载物，德合无疆；含弘光大，品物咸亨。牝马地类，行地无疆，柔顺利贞，君子攸行。”在这里，乾坤之气和合而生天地，《周易》用天地首先指称人类生存的自然和物质世界。天地相辅相成，呈现为有日月星辰、风雨雷电的上天和养育一切生命的大地，为一切生命的生成和存续提供了必要的资源，是人类生存所寄托的场所和栖息的家园。《周易》非常重视天地生养的能力，认为人应该尊重这种能力，尊重天地运行的规律，并且呵护同样是天生地养的天地万物，它们是人类的同伴。就像《周易·系辞上》所说：“乾坤毁则无以见《易》。《易》不可见，则乾坤或几乎息矣。”而且，乾坤天地不仅生万物，还让万物也相生。天地的运行本来就是生命延续、万物生生不息的过程。人的生存必须从天地自然中获取资源，自然界为一切生命提供能量，这是自然万物的天职。同时，人应该回报自然的馈赠，发挥自身的德行，去呵护与遵循乾坤天地的运行法则，对自然资源尚俭节用。在《周易·颐·彖传》中有这样的表述：“颐，贞吉，养正则吉也。观颐，观其所养也。自求口实，观其自养也。天地养万物，圣人养贤以及万民。颐之时，大矣哉！”这种观念更为明确地将天地融为一体，将其所代表的自然世界定位于能够“养万物”。

同时，天地不仅生养万物，而且其生生的过程本身就是至高之德的呈现。天地之间万物的生成与发展不是盲目的，而是被一种至高至纯的道德力量支配着，这种力量有感情却超越了人类的情感，有道德却不是个体意义上的私德，人能够而且也应该从天地大德中获取自我生存的终极意义，并通过效法天地不断提高自身的道德素养。《周易·乾·象传》中说："天行，健，君子以自强不息。""地势，坤，君子以厚德载物。"天的品行是刚强劲健、运行不息的，君子应该效法这种品德，奋发图强，永不停息。地的品德是宽厚和顺、生养万物，君子应该培育美德，包容万物。在这里，乾坤天地生成万物的客观规律，通过其生万物的道德内涵，被引向了人伦，并逐渐演化为人与天和的精神力量。而则天法地对于有德之人，既是符合自然天道的外在行为规范，又是追求天地大德的精神追求。因此，人不仅应该控制自己的欲望，保护自然的资源，而且应该享受这种对自然万物的爱护，把这种行为看作提高自己德行的一种方式。

道家以"大美"形容天地。在道家看来，天地为万物生长和运行的根本，这一根本就是道家所谓的大道。宇宙万物就是由大道所产生的阴阳之气和合交汇所产生。在庄子看来，至阴之气寒肃萧索，至阳之气干燥酷热，至阳之气出于天，至阴之气出于地，天地生万物就是阴阳互冲以化生的过程。所以，庄子提出："天地者，万物之父母也。"人产生于天地和合，也是阴阳冲气而生成的，人与自然万物有着共本同根的先天关系。《淮南子·天文训》中描述了人与天的关系以及人应当顺应天地自然的必然缘由。"天有九重，人亦有九窍；天有四时以制十二月，人亦有四肢以使十二节；天有十二月以制三百六十日，人亦有十二肢以使三百六十节。故举事而不顺于天者，逆其生者也。”天人之间有一一对应的关系，人与自然能够相互影响、相互感应，人类应该“举事而顺天”，顺应自然的规律而不是放纵自己的欲望，与天地相逆。在认识到天地根本的基础上，庄子提出了“天地大美”的主张。“天地有大美而不言，四时有明法而不议，万物有成理而不说。圣人者，原天地之美而达万物之理，是故至人无为，大圣不作，观于天地之谓也。……阴阳四时运行，各得其序。惛然若亡而存，油然不形而神，万物畜而不知。此之谓本根，可以观于天矣。”（《庄子·外篇·知北游》）这里的“大美”，既是对自然万物生生不息的赞叹，对阴阳四时各得其序的敬仰，也是对人的德行的评判，认为“原天地之美而达万物之理”的“无为”之德、“不作”之为是效法天地之美的圣人的标准，并且给我们提供了另一种对待天地自然的态度，引导人们以审美的方式来看待自然万物，唤起人们对天地自然的情感与关切，形成审美感受与生态智慧的融合。在这里，人和自然的关系是非功利的，人不以掠夺和消耗自然为实际目的，不以征服和占有自然为价值尺度。自然在人这里已经全然不是自然资源，而是与人美美与共的审美对象。这种观念为保护自然、节用自然提供了审美的解决方式，也为人与自然和谐相处提供了宝贵的思想资源。

二、孔颜之乐

“孔颜之乐”是儒家思想中道德境界与审美境界完美结合的

典范，是人从自然中获得快乐而不损害自然，从简单生活中获得道德提升而甘之如饴的理想人生。在《论语》中，孔子多次表达了安贫乐道、乐在其中的思想。在《论语·述而》中，孔子说："饭疏食饮水，曲肱而枕之，乐亦在其中矣。不义而富且贵，于我如浮云。"在《论语·学而》中，孔子说："君子食无求饱，居无求安，敏于事而慎于言，就有道而正焉，可谓好学也已。"子贡曾问孔子："贫而无谄，富而无骄，何如?"孔子回答说："可也；未若贫而乐，富而好礼者也。"(《论语·学而》) 孔子赞扬颜回："贤哉，回也！一箪食，一瓢饮，在陋巷，人不堪其忧，回也不改其乐。贤哉，回也!"(《论语·雍也》) 在这些孔子的论述中所体现的思想，就是所谓"孔颜之乐"。在孔子看来，颜回能够恪守仁德的要求，秉持礼法的规范，即使生活得非常简朴，也要追求极高的境界。在这里，颜回并没有为了追求道德的至境而刻意苦行，而是在追求极高境界的过程中，即便贫穷，也能感到非常快乐。这里的乐，从根本上说不是感官欲望被满足所带来的快感，而是体验大道的快乐。"'孔颜之乐'不仅是超越贫富等物质享受的，也是超越事功的，同时还是超越于社会道德伦理，这里所谓'超越'不是不要物质财富，不是不要功业，也不是不要伦理道德，更不是否定事迹和功业，破坏社会伦理规范，或者与之相矛盾冲突，而是'有之却又高于之'。"① 周敦颐极为称道"孔颜之乐"，他说："夫富贵，人所爱也，颜子不爱不求而乐乎贫者，独何心哉？天地间有至贵富、可爱可求而异乎彼者，见其

① 李煌明:《宋明理学中的"孔颜之乐"问题》,云南人民出版社 2006 年版,第 4 ~ 5 页。

大而忘其小焉尔。见其大则心泰，心泰则无不足，无不足则富贵贫贱，处之一也。”（《通书·颜子第二十三》）在这里，周敦颐认为，相对于物质财富，道与德是最重要的，能够给人带来最大的快乐，一个有德的人绝对不会以占有和消费物质财富为乐，而是应该淡化对物质财富的欲求。孟子也将“孔颜之乐”内化为获得本心的快乐。“万物皆备于我矣，反身而诚，乐莫大焉。”（《孟子·尽心上》）这也正是人在获得道德与审美之后，忘却了物质财富和功名利禄之后的“至乐”境界。“‘物随心转’是不受客观条件限制的，即使现实生活再不好，再困苦，从道德存有论的视角来看，也可以转变为幸福。在道德存有的境界中，已经完全没有了孤立的苦和罪，所有的苦和罪都成为成就道德过程中必不可少的一环，成为内心的满足和愉悦，‘事事如意而无所谓不如意’，苦即是乐，罪即是福。”①

而能够让孔子、颜回、孟子等先哲乐以忘忧的“大道”，正是“生生”之德，是对“天地之化育”的透彻体悟。儒家学者根据天理人性之互通，不仅以“生生”之德为人心赋予了道德，而且把天地之大德与个体的人生联系起来，让每一个醉心于体道的人，都能够从宇宙万物的大化流行、从自然生态的生生不息中体悟到“生生”之德的创造和流动。“这种创生的力量，自其崇高辉煌方面来看，是天；自其生养万物，为人所禀来看，是道；自其充满了生命，赋予万物以精神来看，是性，性即自然。天是具

---

① 杨泽波:《“赋予说”还是“满足说”——牟宗三以存有论解说道德幸福质疑》，见《河北学刊》2011 年第 1 期。

有无穷的生力，道就是发挥神秘生力的最完美的途径，性是具有无限的潜能，从各种不同的事物上创造价值。由于人参赞天地之化育，所以他能够体验天和道是流行于万物所共禀的性分中。”[①] 所以说，能够让孔颜体会到快乐的大道实际是体现为大化流行的天道。从人与万物生生的角度来看，人生于天地，除了生存繁衍，同时也要体会“生生”之德的精神诉求。“孔颜之乐”之所以乐在其中，是因为他们体会到了与天地一体的快乐，感受到了与自然相亲相爱的和谐，这种生态的体会恰恰是与消耗自然、占有物质相反的。因此，如果体会到天地自然的仁心仁义，感受天地生生不息的生命生成的历程，人就必然会放弃与自然为敌、以消耗自然为乐、以征服自然为目标的毁灭之途。西方环境伦理学者霍尔姆斯·罗尔斯顿就提出过相似的观点，他在评价荒野的价值时说：“自然中有着我的根……我也珍视荒野，因为在历史上是荒野产生了我，而且现在荒野代表的生态过程也还在造就着我。……荒野并不仅仅是作为一种资源，对我们的体验有工具性价值；我们发现，荒野乃是人类经验最重要的‘源’……”[②] 他还认为，荒野是一个生命的博物馆，“展示着我们的生命之根。人类在这个博物馆中获得的体验是珍贵的，因为我们从中了解了我们来自何处与我们是谁”[③]。所以，人和自然在物质和精神上都是普遍联系的整体。人类应该尊重自然的价值，并且应以遵循自

---

① 方东美著，李溪编：《生生之美》，北京大学出版社2009年版，第74～75页。

② ［美］霍尔姆斯·罗尔斯顿：《哲学走向荒野》，刘耳等译，吉林人民出版社2000年版，第213页。

③ ［美］霍尔姆斯·罗尔斯顿：《哲学走向荒野》，刘耳等译，吉林人民出版社2000年版，第213页。

然规律，符合生态道德的方式去调整对待自然的态度，进而促进生态环境的健康发展和自然整体的和谐运转。

第二节　寡欲节用：节用思想与生态保护

齐鲁文化一直倡导寡欲和节用。无论是在治国理政的实用方面，还是在修身治德的道德修养中，节制用度和克制欲望都是必然的途径。齐鲁先哲从不同的方面对寡欲和节用展开了论述，这些理论和观念对于建设节约型社会、促进生态文明，具有重要的参考价值。

一、节用而爱人

孔子主张安贫乐道，节用而爱人。“子曰：‘道千乘之国，敬事而信，节用而爱人，使民以时。’”孔子提出，治理大国应谨慎地处理政务，要讲究诚信，而且要勤俭节约、爱惜民力。这一观点不仅包含重要的治国观念和经济思想，而且包含对人生价值的期许和对和谐社会的憧憬。朱熹曾对此做过评注：“《易》曰：‘节以制度，不伤财，不害民。’盖侈用则伤财，伤财必至于害民，故爱民必先于节用。”（《论语集注·学而第一》）节用首先是为社会发展服务的，在当时的社会条件下，“节用”意味着减少不必要的财政开支，可以“轻徭役”“薄赋税”，让百姓安居乐业，让国家富强伟大。《大学》对此进行了解释：“生财有大道，生之者众，食之者寡，为之者疾，用之者舒，则财恒足矣。”当然，这并不是从获取物质财富、累积个人财产的角度提出的。孔子认识到，人类可以使用的生存资源是非常有限的，如果不加以节制，过度消耗自然资源，人类必将招致灾祸。孔子提出，君主特别应该在灾荒的时季厉行节俭。据《孔子家语》记载，孔子对齐景公说：“凶年则乘驽马，力役不兴，驰道不修，祈以币玉，祭祀不悬，祀以下牲。此贤君自贬以救民之礼也。”在这里，针对灾荒之年，孔子提出了政在节财，“自贬以救民”的治国策略。他认为，君主自己应主动节度开支、杜绝奢侈，降低礼用以拯救民众。

孔子重礼，以克己复礼为己任。然而在《论语·八佾》中，孔子却言：“礼，与其奢也，宁俭；丧，与其易也，宁戚。”并且孔子将美德与质朴、俭朴紧密地联系起来，他说：“奢则不逊，俭则固。与其不逊也，宁固。”（《论语·述而》）奢侈让人狂妄不逊，节俭让人安稳平和。一个有德的人应该“文质彬彬”，应该“温良恭俭让”，而不是通过消耗物质财富来张扬个性，通过炫耀性的礼仪活动来彰显自我的地位和权势。从这里我们可以看出，孔子重礼，实际上是看重在遵循礼法的背后人的道德素养，这与他的施行仁政的观点是相一致的。孔子的节用思想和他对礼的辩证态度，对于当前遏止过度消费，珍爱和保护自然具有非常明确的现实意义。

二、养心莫善于寡欲

孟子首先从克制欲望、善养仁心的角度来倡导节俭和节约的意识。孟子提出，人人都有至善之心，有“恻隐”“羞恶”“辞让”“是非”这“仁之四端”。在孟子看来，人与禽兽的差别其实很小，“人之所以异于禽兽者几希，庶民去之，君子存之”，这一点差别，就在于人有“仁心”。孟子曾以“赤子之心”来描述他的理想人格。朱熹注曰：“大人之心，通达万变，赤子之心，则纯一无为而已。”（《孟子集注·离娄下》）如果对道德本性不加育护，就会“陷溺其心”“失其本心”。一个人的立身之本，有“大体”和“小体”之分。“体有贵贱，有小大。无以小害大，无以贱害贵。养其小者为小人，养其大者为大人。……饮食之人，则人贱之矣，为其养小以失大也。饮食之人无有失也，则口腹岂适为尺寸之肤哉?”（《孟子·告子上》）在这里，孟子非常鄙视放纵口腹耳目之欲的人。孟子认为，耳目食色之欲的干扰会让人失去本心。他对物欲对人性的干扰和消磨是有清醒的认识的。他认为，这些身体的欲望是恶的根源，流于肤浅、失之内涵，容易被物质所控制而失去其本心。而且，人欲是无止境的，如果放纵其欲望，不但会从物质上造成严重的生态危机和人自身的生存危机，而且会将人从万物之灵的地位降低到禽兽的层次，会让人的德行受损。“孟子曰：‘诸侯之宝三：土地、人民、政事。宝珠玉者，殃必及身。’”（《孟子·尽心下》）

因此，孟子提出了控制欲望以培养本心的观点。《孟子·尽心上》云：“养心莫善于寡欲。其为人也寡欲，虽有不存焉者，寡矣；其为人也多欲，虽有存焉者，寡矣。”在这里，孟子认为寡欲乃是培植圣贤仁心的关键点，欲望的多寡和本心的废存正好是相对的。在此基础上，孟子明确了自己的志向，不以物质财富的占有而自矜，不以高楼、美食、侍妾为人生目标。“孟子曰：‘说大人，则藐之，勿视其巍巍然。堂高数仞，榱题数尺，我得志，弗为也。食前方丈，侍妾数百人，我得志，弗为也。般乐饮酒，驱骋田猎，后车千乘，我得志，弗为也。在彼者，皆我所不为也；在我者，皆古之制也，吾何畏彼哉？’”（《孟子·尽心下》）孟子的寡欲说，一方面指向了人的内心道德的培养，指出了欲望控制与本心养成的关系，另一方面则透露出通过寡欲可促进节用、节俭等美德之养成，进一步促进人对自然的爱惜，对万物的关怀。毋庸置疑，寡欲亦在爱物节用，维护生态、环境和谐等现实层面起到了积极的作用。

三、知足不辱，知止不殆

道家尚“无为”，以“不争”和“知足”为立身行事之根本。“名与身孰亲？身与货孰多？得与亡孰病？是故甚爱必大费，多藏必厚亡。知足不辱，知止不殆，可以长久。”（《道德经》第四十四章）在这里，老子对身外之物与人的生存的根本之间的关系提了三个问题。功名和生命哪一个更为亲近？生命和财富相比哪一个更为贵重？得到和丢失相比哪一个更有害？老子认为，要懂得满足，过分追求名利就必定要付出更多的代价；过度积敛财富，必定会招致更为惨重的损失。老子根据事物发展的基本规律探讨了人的行为尺度，认为人应该按照自然之道行事。所谓“知足不辱，知止不殆”。任何事物的发展都有其规律，都有其尺度和极限。了解尺度，控制自己的欲望并于尺度之内行事，就能够

“不辱”“不殆”，保全自身。一旦超出了极限，事物必然会向相反的方向发展。因此，人应该控制自己的欲望，要了解和尊重自然的规律，对自己的行为有清醒的认识，凡事不可求全责备，不可超出限度。老子希望世人，尤其是统治者，对物质和权力的占有要知止、知足。而“多藏”，就是指对物质的过度追求，对欲望的过度放纵。如果人对物质的追求超越了极限，超越了自然和自身的承受能力，那么必然会受到严重的损失。“多藏必厚亡”实际上指出了欲望过度膨胀、对自然过度开发的必然结果。

庄子也认为人应该知足，他借孔子之口说：“知足者不以利自累也，审自得者失之而不惧，行修于内者无位而不怍。”（《庄子·让王》）庄子认为，知足的人不因利禄累害自己，心意自得的人遇到损失也不忧惧，修养内心的人没有爵位也不羞愧。能够满足生存的需要就是有福，去索取过分的物质财货就是有害。《庄子·养生主》中说：“吾生也有涯，而知也无涯。以有涯随无涯，殆已；已而为知者，殆而已矣！为善无近名，为恶无近刑，缘督以为经，可以保身，可以全生，可以养亲，可以尽年。”在这里，庄子提出了与老子相似的观点。人的生命是有限的，但人的欲望却永无止境。以有限的生命去满足无穷的欲望，就会让人精力耗尽、倾家荡产。因此，人应该返身内求，注重以无为之心去面对人生和自然，自觉地做到理性而有节制。因此，道家强调不争、守弱，就是要控制自己的欲望，让人们淡泊名利，回归自然。这是对当前社会张扬消费观念，肆无忌惮地放纵欲望、掠夺自然的一种警醒。

四、崇俭抑奢

汉儒刘向积极倡导“崇俭抑奢”的理念，非常看重去奢重俭的人生美德。他借齐东郭采桑女之口提出：“昔者尧、舜、桀、纣，俱天子也。尧、舜自饰以仁义，虽为天子，安于节俭，茅茨不剪，采椽不斫，后宫衣不重彩，食不重味。至今数千岁，天下归善焉。桀、纣不自饰以仁义，习为苛文，造为高台深池，后宫蹈绮縠，弄珠玉，意非有餍时也。身死国亡，为天下笑。至今千余岁，天下归恶焉。由是观之，饰与不饰，相去千万，尚不足言，何独十百也。”（《列女传》第八卷）他严厉地抨击了当时出现的种种奢侈浪费、损害资源的不道德行为。他区分了“美德”与“恶德”，认为“俭”是美德，即有利于节约资源和顺从、保护自然生态的健康发展的一切德行；“奢”是恶德，是欲望膨胀，因一己之私利而破坏社会发展和自然健康的行为。他曾上谏阻止汉成帝建造昌陵，认为大建陵墓会使“死者恨于下，生者愁于上，怨气感动阴阳，因之以饥馑，物故流离以十万数”，同时对比了圣王与暴君之举：“孝文皇帝去坟薄葬，以俭安神，可以为则；秦昭、始皇增山厚臧，以侈生害，足以为戒。初陵之模，宜从公卿大臣之议，以息众庶。”（《汉书·楚元王传》）此外，刘向在《刺奢》中以“重礼不重牲”“敬实而不敬华”表达了对祭祀中奢侈过度现象的反对。他的这些思想体现出儒家在处理社会关系，以及人与自然关系上的生态伦理智慧。这种智慧为我们今天贯彻科学发展观、构建和谐社会和节约型社会提供了理论资源和道义支持。

第三节 俭节则昌：崇俭思想与生态繁荣

尚俭思想在齐鲁文化中历史久远，《尚书》中就提到“克勤于邦，克俭于家”。齐鲁历代先贤大都崇尚简朴，提倡俭节的生活。简朴和节约不仅能够让国家昌盛，人民富强，而且能够让自然美好，生态繁荣。

一、俭，故能广

道家倡导简俭，重视节俭观念对于顺天得道的影响。“我有三宝，持而保之：一曰慈，二曰俭，三曰不敢为天下先。慈，故能勇；俭，故能广；不敢为天下先，故能成器长。”（《道德经》第六十七章）所谓“俭”，就是“节俭”的生活方式，强调够用就行，多则是浪费。在“俭”之外，老子又提出了“啬”的观点。他说：“治人事天莫若啬。夫唯啬，是谓早服。早服谓之重积德，重积德则无不克，无不克则莫知其极，莫知其极，可以有国。有国之母，可以长久。是谓深根固柢，长生久视之道。”（《道德经》第五十九章）高亨在《老子正义》中解释“啬”：“是啬本收藏之义，衍为爱而不用之义。此啬字谓收藏其神形而不用，以归于无为也。”[①] 根据高亨的解释，“啬”就是以无为的

---

① 高亨：《高亨著作集林》（第5卷），清华大学出版社2004年版，第164页。

态度对待自然，也就是要求人们要正确地对待和约束自己的欲望，将之控制在适当的范围内，不能一味地索取。在这里，啬不是专指对财物的爱惜，也指人修身养性的重要美德。老子认为，“啬”就是以无为的态度在精神上积蓄养护、厚藏根基，顺天蓄力，融于大道。真正做到精神上的“啬”，积累了雄厚的德，才能接近道，这就与圣人治国联系到一起了。老子还对儒家的礼提出了批判，认为人应该立身敦厚，不应关注浮华的东西。“夫礼者，忠信之薄而乱之首。前识者，道之华而愚之始。是以大丈夫处其厚，不居其薄；处其实，不居其华。”（《道德经》第三十八章）“礼”是忠信不足的产物，而且是祸乱的开端。所谓“先知”，不过是“道”的虚华，由此愚昧开始产生。所以大丈夫立身敦厚，不居于浇薄；存心朴实，不居于虚华，要舍弃浇薄虚华而朴实敦厚。因此，“俭”和“啬”都是符合自然理想状态的俭朴的生活道德。所谓性淡而不奢，其实质就是一种生态观念，是人法天则地的有道的行为。如果人类的生活方式与“道法自然”的原则相一致，人类能够顺应“道”，那么就会自觉地节制自己的欲望和行为，而不奢求不必要的和得不到的东西，这样才是一种健康的可持续的生活。

二、节俭力行

战国时期齐国的良相晏子以尚俭著称于世。《史记·管晏列传》中说他“事齐灵公、庄公、景公，以节俭力行重于齐。既相齐，食不重肉，妾不衣帛”。晏子为齐相之后，餐饭简朴，从来没有两盘有肉的菜，侍妾也不穿绫罗绸缎。正因如此，晏子能够得到齐国百姓的爱戴，能够辅佐三代君主。

晏子不仅对自己要求严格，而且还敢对君主的奢靡行为提出批评，以利天下。据《晏子春秋》记载，晏子多次批评齐景公“使民若不胜，借敛若不得；厚取于民而薄其施”（《晏子春秋·问上》）。“兴事无已，赋敛无厌，使民如将不胜，万民怼怨。”（《晏子春秋·重而异者》）他认为齐景公经常大兴土木，劳民伤财，税赋众多，让百姓苦不堪言。因此，他强调要“俭于借敛，节于货财；作工不历时，使民不尽力；百官节适，关市省征；山林陂泽，不专其利；领民治民，勿使烦乱；知其贫富，勿使冻馁”（《晏子春秋·问上》）。他认为，征收赋税要有度，使用财物要有节，兴建土木工程要根据时令，役使人民不要耗尽民力。当齐景公看到有人冻死在路边而不闻不问时，晏子就劝谏道：“今君游于寒涂，据四十里之氓，殚财不足以奉敛，尽力不能以周役，民氓饥寒冻馁，死胔相望，而君不问，失君道矣。”（《晏子春秋·谏上》）当齐景公赏赐他车马时，他说：“君使臣临百官之吏，臣节其衣服饮食之养，以先齐国之民，然犹恐其侈靡而不顾其行也。今辂车乘马，君乘之上，而臣亦乘之下，民之无义，侈其衣服饮食而不顾其行者，臣无以禁之。”（《晏子春秋·杂下》）这就是说，他以节俭作表率，教育百姓不要过分追求物质享受，以免造成社会秩序的混乱和道德败坏。在晏子那里，节俭之德还没有超出关爱人的范围，主要还是一种治世的美德。但是，这种美德在今天仍然能够发挥其重要的作用，具有积极的生态意义，即对自然要用之有节、取之有度。

三、长虑顾后

荀子主张辩证地看待“俭”与“昌”的关系，他是从人和自然的可持续发展角度谈论节俭的。《荀子·无论》里就说：“强本而节用，则天不能贫。”荀子的“强本”是指“肥田”，“无夺农时”，以发展农业生产；“节用”是指提倡“恭俭”，“善藏其余”，在消费上尽量节约，注意积累和储藏粮食。在此基础上，他提出“长虑顾后”的观点。荀子说：“今人之生也，方知蓄鸡狗猪彘，又蓄牛羊，然而食不敢有酒肉；余刀布，有囷窌，然而衣不敢有丝帛；约者有筐箧之藏，然而行不敢有舆马。是何也？非不欲也，几不长虑顾后而恐无以继之故也。于是又节用御欲，收敛蓄藏以继之也，是于己长虑顾后，几不甚善矣哉！”（《荀子·荣辱》）意思是说，人畜养鸡狗牛羊却不舍得吃酒肉，钱余仓般而又不敢穿丝绸、用车马，而是节衣缩食、抑制欲望、蓄积财物。这并不是说人类不懂得享受，而是从长远考虑、顾及以后，以便应付将来可能会出现的生计困顿。《荀子·荣辱》又言：“彼固天下之大虑也，将为天下生民之属长虑顾后而保万世也”，也是从国家强盛、百姓富足的角度来看待节俭的问题的。

荀子一直强调节流和节用的意义，并把它作为圣君明主的治国方略。“故明主必谨养其和，节其流，开其源，而时斟酌焉。”（《荀子·富国》）英明的君主，一定要谨慎地提醒农民适应农时耕种，节省开支，扩大生产，并且根据具体情况随时考虑调整。荀子还认为“故知节用裕民，则必有仁义圣良之名，而且有富厚丘山之积矣”（《荀子·富国》）。作为君主应做到自己生活节俭而使民众富裕，如此不仅必有仁君之名还可以使国家富足，这是国家强盛的必由之路，也是让自然环境保持健康和国家可持续发展的必由之路。

四、节用、节葬

墨家的节用思想与儒家相对立，其节用观的提出是建立在对儒家之礼的批判基础之上的。墨子曾对孔子恪守礼法的行为不以为然，他提出“非乐”“非儒”的主张，认为儒家推崇的礼法浪费了大量的社会资源，且不利于社会的发展；人虽安贫乐道，却没有实际意义。“且夫繁饰礼以淫人，久丧伪哀以谩亲，立命缓贫而高浩居，倍本弃事而安怠傲，贪于饮食，惰于作务，陷于饥寒，危于冻馁，无以违之。”（《墨子·非儒下》）在墨子看来，儒家用繁杂的礼乐去迷乱人；长期服丧假装哀伤以欺骗死去的双亲；坚信“命”的理论而甘受贫困；不做该做的事情而懈怠傲慢；贪于饮食，懒于劳作，其结果就会陷于饥寒，挨饿受冻。在这里，墨子也看到了儒家的寡欲和节用，但是认为其大方向是错误的。墨子从功利主义的角度，提出了节用的总原则：“‘凡足以奉给民用，则止。’诸加费不加于民利者，圣王弗为。”（《墨子·节用中》）一切都要以有利于社会和民生的实用性为目标，而且一切都以“足以奉给民用”为基本尺度。凡是符合“法”和“义”的用度，才是合理的，否则就应该被禁止。在饮食上，“古者圣王制为饮食之法”，曰：“‘足以充虚继气，强股肱，耳目聪明，则止。’不极五味之调，芬香之和，不致远国珍恢异物”（《墨子·节用中》）。在墨子看来，像“五味之调”“芬香之和”“远国珍恢异物”等都超出了人的生存的基本用度，属于奢侈性消费，而对人而言，只要满足充饥补气、力量充沛就可以了。不要花费大量的时间在珍稀之物上，同时又要保护自然资源，以利于人类的持续生存和发展。在穿衣方面，墨子同样力求节用。“冬服绀緅之衣轻且暖，夏服絺绤之衣轻且清，则止。”（《墨子·节用中》）意思是说，服饰的文采装饰对于人来说也是多余的。

此外，墨子还看到了对待物质生活的态度对人的精神层面的影响。相对于自然资源的消费对人的物质方面的影响，他更看重思想道德方面的建构。在他看来，之所以提倡节俭，其最终的目的在于人的行为习惯的养成以及消费观念的塑造。他提出了“俭节则昌，淫佚则亡”的思想。所谓“俭”，就是简朴、俭省，是俭省用度，强调在消费实践过程中不张扬、不浪费。所谓“节”，就是节制、克制，在财物的消费上应克制冲动，为更广大、更高远的目标考虑。与节俭相对的是“淫佚”，是指人过度沉溺物质欲望，没有限度终将无所获得。通过正反两个方面，墨子提出节俭是人的崇高道德，是个体脱离了小我的精神境界，厉行节俭，国家才会发达昌盛，而“淫佚”则是让人不齿的品格，必然会让国家破败灭亡、民不聊生。墨子“俭节则昌”的观点虽然是建立在实用的功利的基础上的，但是对于自然生态的保护也具有一定的积极意义。他提倡简朴的生活，论证了“节俭”与“昌盛”的辩证关系。节俭所带来的昌盛在今天已不仅仅是社会的繁荣和百姓的富足，还有人和自然整体的昌盛，人和自然和谐相处的美好状态。正如梭罗在《瓦尔登湖》中说过的："你最富有的时候生活显得最贫穷。爱挑剔的人即使在天堂里也能找出毛病来……不要费什么神去得到新东西，不论是新衣服还是新朋友。改改旧的；回到它们那里去。事物没有变；是我们变了。"①

第四节　尚俭节用与社会可持续发展

节俭作为一种传统美德，具有十分重要的现代意义。全球的环境问题在很大程度上都是由人不良的消费观念和消费模式造成的。现代西方社会进入了消费社会的阶段，创造财富与消费财富成为推动社会发展的主要动力。马克斯·韦伯在《新教伦理与资本主义精神》一书中就提出，重商精神和宗教信仰新的有机结合形成了现代理性资本主义的精神动力，赋予了经商逐利行为合理的世俗目的。这样一种经济模式开启了"欲望的创新模式"，通过不断地激发人的消费欲望以保持经济的高速发展，同时也加速了自然资源的枯竭，导致生态危机不断加剧。党的十八大以来，我国更加注重"节约"在生态文明建设中的作用，提倡和践行节俭的道德实践要求。齐鲁文化中，尚俭节用是个人内在德行的外在表现之一，节制自己的欲望不仅是提升个人修养的重要方式，而且是维护社会公平正义的重要途径。这一思想观念对于当下我

① ［美］梭罗：《瓦尔登湖》，王家湘译，北京出版社出版集团、北京十月文艺出版社 2009 年版，第 331 页。

们建设生态文明具有重要意义。

首先，尚俭节用的传统美德与社会的可持续发展是一致的。在市场经济条件下，越来越多的人奉行资本逻辑，把消费当作突显自我价值的主要方式。科学的消费能够促进资源的合理配置，能够推动生产力不断发展。但是如果过度刺激消费，片面放大消费在整个社会中的作用，无节制地向自然界索取，既忽视客观实际，又破坏人类赖以生存的自然环境，就会造成灾难性的后果，最终生产发展会难以为继，生活富裕更无从谈起。近年来，社会中出现了许多不良的思想倾向，如节俭消费过时论、铺张奢侈有功论、面子消费论等，这些都助长了畸形的消费观念，不仅败坏了社会风气，而且加剧了生态资源的消耗。我们应该认识到，“大量生产”“大量消费”“大量废弃”的生产生活消费方式只会造成巨大的资源浪费和生态环境破坏，应改变把消费更多物质财富视作幸福的错误观念。从建设生态文明的角度出发，改变传统的生产方式、生活方式、消费方式是当下人们的必然选择。尚俭节用的消费理念是生态文明建设的着眼点，是维持社会可持续发展的重要的思想内涵。从长远发展来看，尚俭节用与社会的可持续发展是并行不悖的。在十八大报告中，我国就把坚持节约资源和保护环境确立为一项基本国策，构建全新的人与自然和谐发展的关系，以建设美丽中国，实现中华民族永续发展。改变“高投入、高消耗、高排放、不协调、难循环、低效率”的粗放型的生产模式，严把资源消耗关，坚持绿色发展、可持续发展。我们应改变过度消费的观念，把尚俭节用的美德渗透到适度消费之中，从根本上解决消费欲望失控的问题。尚俭节用的观念在齐鲁文化中占据重要地位，从个人维持家庭生计，到国家社会的兴盛发达，都具有积极的意义。道家所提出的“俭”与“啬”肯定了符合自然理想状态的俭朴的生活道德，指出了节俭对于个人修为和社会存在的积极意义；晏子以自身节俭作表率，以防奢靡浪费带来社会秩序混乱和道德败坏；墨子提出一切都要以有利于社会和民生的实用性为目标，而且一切都以“足以奉给民用”为基本尺度。这些思想都阐明了节俭对于可持续发展的意义，值得我们在当前的文化环境下进一步思考。

其次，“孔颜之乐”的价值诉求对人们追求幸福生活有一定的借鉴意义。单纯的物质富裕不会成为社会发展的终极目标，也不会给人带来绝对的幸福。亚里士多德认为，财富不是人类的终极追求，它只是一种为达到其他目的的手段。无限的富裕生活并不应成为人们追逐的唯一对象，人们所需要的只是一种体面的、基本要素得以充分满足的生活。对于维持人类生存的消费品的获取，由于是人们生存所必需，因此是合乎道德要求的，也合乎自然存在的基本法则。但是如果将消费方式上升为价值观，赋予其伦理道德的内涵，我们就需要认真分析和反思其中的意义。在人类社会的工业化进程中，冗余与过量成为人们不断追求的目标，必需品之上的奢侈消费逐渐成为消费活动的重要组成部分。我们应该认识到，对奢侈品的追逐是一种道德上的罪恶，因为这一趋势会诱使我们走向生活意义和价值的反面。文明社会在从粗放型发展向集约型发展转变的过程中，人们对于物质消耗的意义和人生幸福的内涵有了更深刻的认识，简朴知足成为人们倡导的生态文明中的重要部分。在绿色生活理念的引领下，我们应当放弃多余的东西，让人从物质占有的膨胀欲望中解脱出来，从物欲的奴隶转变为自己的主人。生态文明所倡导的抗击奢靡风气和挥霍性消费的坚定信念，体现了一种简朴文明的发展趋势，对无止境逐利模式进行彻底的颠覆，引导着人们从扩张性现代化造成的挫败中转向一种轻松的、安宁的、快乐的和自由自主的生活。

齐鲁文化中一直都有对简朴生活向往的思想，“孔颜之乐”就是对知足常乐、安贫乐道的生存理想的表达。在儒家看来，君子对道德的追求远高于对世俗富贵的占有，“心泰而无不足”，应善于利用财富，身居富贵而不贪得无厌。如能将“孔颜之乐”的价值追求贯穿到人与自然的关系之中，人类发展所面对的环境压力就会得到缓解。

参考文献

1. 安作璋、王志民:《齐鲁文化通史》,中华书局 2004 年版。

2. 黄松:《齐鲁文化》,辽宁教育出版社 1995 年版。

3. 刘蔚化、苗润田:《齐国学术思想史》,齐鲁书社 1995 年版。

4. 张光明:《齐文化的考古发现与研究》,齐鲁书社 1995 年版。

5. 郭墨兰、吕世忠:《齐文化研究》,齐鲁书社 2006 年版。

6. 刘武军、张光明:《文物考古与齐文化研究》,山东大学出版社 1996 年版。

7. 余谋昌:《生态哲学》,陕西人民教育出版社 2000 年版。

8. 佘正荣:《生态智慧论》,中国社会科学出版社 1996 年版。

9. 曾繁仁:《生态美学导论》,商务印书馆 2010 年版。
10. 王雨辰:《生态批判与绿色乌托邦:生态学马克思主义理论研究》,人民出版社 2009 年版。
11. 史念海:《河山集》,三联书店 1981 年版。
12. 雷毅:《深层生态学思想研究》,清华大学出版社 2001 年版。
13. 何怀宏:《生态伦理——一种精神资源与哲学基础》,河北大学出版社 2002 年版。
14. 李煌明:《宋明理学中的“孔颜之乐”问题》,云南人民出版社 2006 年版。
15. 刘增惠:《马克思主义生态思想及实践研究》,北京师范大学出版社 2010 年版。
16. 蒙培元:《人与自然——中国哲学生态观》,人民出版社 2004 年版。
17. 赵馥洁:《中国传统哲学价值论》,人民出版社 2009 年版。
18. 钱穆:《中国历史精神》,九州出版社 2016 年版。
19. 赵利民:《20 世纪儒家思想研究》,中华书局 2004 年版。
20. 李泽厚:《中国思想史论》,安徽文艺出版社 1999 年版。
21. 章太炎:《驳建立孔教议》,《章太炎政论选集》(下),中华书局 1997 年版。
22. 刘纲纪:《周易美学》,湖南教育出版社 1992 年版。
23. 方东美:《方东美集》,群言出版社 1992 年版。
24. 傅道彬:《中国文化的自然主义精神》,东北林业大学出版社 1996 年版。
25. 方东美著,李溪编:《生生之美》,北京大学出版社 2009 年版。

26. 冯友兰:《中国哲学简史》,华东师范大学出版社 1996 年版。

27. 陈鼓应:《管子四篇诠释》,商务印书馆 2006 年版。

28. 桂馥:《说文解字义证》,齐鲁书社 1987 年版。

29. 阮元:《十三经注疏》,上海古籍出版社 1997 年版。

30. 杨伯峻:《论语译注》,中华书局 1980 年版。

31. 杨伯峻:《孟子译注》,中华书局 1960 年版。

32. 陈鼓应:《老子注译及评介》,中华书局 1984 年版。

33. 陈鼓应:《庄子今注今译》,中华书局 1983 年版。

34. 陈鼓应:《管子四篇诠释:稷下道家代表作解析》,商务印书馆 2006 年版。

35. 郭庆藩:《庄子集释》,中华书局 1961 年版。

36. 金景芳、吕绍纲:《周易全解》,吉林大学出版社 1989 年版。

37. 高亨:《周易古经今注》,中华书局 1984 年版。

38. 薛永武:《〈礼记·乐记〉研究》,光明日报出版社 2010 年版。

39. 程俊英:《诗经译注》,上海古籍出版社 1985 年版。

40.〔战国〕孟子等:《四书五经》,中华书局 2009 年版。

41.〔战国〕荀子:《荀子》,方勇、李波译注,中华书局 2011 年版。

42.〔西汉〕董仲舒:《春秋繁露》,张世亮、钟肇鹏、周桂佃译注,中华书局 2012 年版。

43.〔西汉〕司马迁:《史记》,中华书局 1982 年版。

44.〔西汉〕刘向:《说苑》,杨以漟校,中华书局 1985 年版。

45.〔宋〕朱熹:《四书章句集注》,中华书局 1983 年版。

46.〔宋〕朱熹编:《二程语录》,中华书局 1985 年版。

47.〔宋〕邵雍:《皇极经世书》,〔明〕黄畿注,卫绍生校理,中州古籍出版社 1993 年版。

48.〔宋〕张载:《张载集》,章锡琛点校,中华书局 1978 年版。

49.〔清〕戴震:《孟子字义疏注》,中华书局 1961 年版。

50.〔清〕王夫之:《张子正蒙注》,古籍出版社 1956 年版。

51.〔清〕王夫之:《思问录·俟解》,中华书局 1956 年版。

52. [德]马克思、[德]恩格斯:《马克思恩格斯全集》,人民出版社 1972 年版。

53. [德]马克思:《1844 年经济学—哲学手稿》,刘丕坤译,人民出版社 1979 年版。

54. [美]霍尔姆斯·罗尔斯顿:《环境伦理学》,杨通进译,中国社会科学出版社 2000 年版。

55. [美]蕾切尔·卡逊:《寂静的春天》,吕瑞兰、李长生译,吉林人民出版社 1997 年版。

56. [美]霍尔姆斯·罗尔斯顿:《哲学走向荒野》,刘耳等译,吉林人民出版社 2000 年版。

57. [美]纳什:《大自然的权利:环境伦理学史》,杨通进译,青岛出版社 1999 年版。

58. [美]巴里·康芒纳:《封闭的循环》,侯文蕙译,吉林人民出版社 1997 年版。

59. [美]约翰·贝拉米·福斯特:《马克思的生态学:唯物主义与自然》,刘仁胜、肖峰译,高等教育出版社 2006 年版。

60. [美]霍尔姆斯·罗尔斯顿:《环境伦理学》,杨通进译,中国社会科学出版社 2000 年版。

62. [美]约翰·罗尔斯:《作为公平的正义》,姚大志译,上海三联书店2002年版。

63. [美]唐纳德·L.哈迪斯蒂：《生态人类学》，郭凡、邹和译，文物出版社2002年版。

64. [美]戴斯·贾丁斯：《环境伦理学——环境哲学导论》，林官明、杨爱民译，北京大学出版社2002年版。

65. [美]索罗：《瓦尔登湖》，徐迟译，上海译文出版社2011年版。

66. [美]赫尔曼·E.戴利、[美]肯尼思·N.汤森：《珍惜地球：经济学、生态学、伦理学》，马杰等译，商务印书馆2001年版。

67. [美]唐纳德·沃斯特：《自然的经济体系：生态思想史》，侯文蕙译，商务印书馆1999年版。

68. [美]大卫·格里芬：《后现代科学——科学魅力的再现》，马季芳译，中央编译出版社1998年版。

69. [法]阿尔贝特·史怀泽：《敬畏生命》，陈泽环译，上海社会科学院出版社1995年版。

70. [美]德内拉·梅多斯等：《增长的极限》，李涛、王智勇译，机械工业出版社2006年版。

71. [美]奥尔多·利奥波德：《沙乡年鉴》，侯文蕙译，吉林人民出版社1997年版。

72. [美]卡普拉等：《绿色政治——全球的希望》，石音译，东方出版社1988年版。

73. [圭亚那]施里达斯·拉夫尔：《我们的家园——地球》，张坤民译，中国环境科学出版社1993年版。

后记

生态文明是当前人类文明发展的一个重要组成部分，它不仅质疑与批判了现代化进程中人类过于膨胀的主体意识，而且也憧憬和期待着人与自然和谐相处的美好未来。20 世纪以来，尊重自然、顺应自然、保护自然逐渐成为社会发展的共识，代表生态文明的绿色发展贯穿于整个社会文化实践当中。虽然生态问题是当前人类社会面临的重大挑战，但是对于生态问题的思考却贯穿整个人类文明的历史。人们不仅需要从当前不同的文化实践入手来探讨这种新的文明发展形态，而且还要从各自的文化传统中发掘构建生态文明的思想资源。齐鲁文化中蕴含着丰富的生态资源，在天人关系、人格构建、生存境界、环保法规以及日常生活实践等方面都提出了大量具有东方特色的生态思想观念，为我们今天解决自然生态危机和人的精神生态困境，实现人类社会的可持续发展提供了宝贵的思想财富。

对齐鲁文化中生态哲学思想进行研究，是当前生态理论研究的新的增长点。如何对齐鲁文化中的生态智慧进行合理的挖掘和阐释，如何充分利用传统的文化资源服务当代的生态建设，如何让以齐鲁生态文化为代表的中华生态文明在世界舞台上展现其风采，这些都是当前齐鲁生态文化研究的重要课题，是传统生态智慧向现代转化的重要理论向度。目前对于齐鲁文化的生态问题研究已经引起了国内外学者的关注，并取得了不少研究成果。但是从研究的整体情况来看，依然于起步阶段。本书的写作就是针对当前齐鲁文化与生态哲学研究的重要话题，对当前理论研究中存在的一些焦点问题和理论误区展开讨论，对渗透在齐鲁文化不同领域中的生态生成论思想、生态整体论思想、生态责任观念、生态理想追求、生态保护意识、生态消费观念等理论问题进行深入地挖掘梳理，并进行合理的阐释，使之与现代生态文化相对接。希望本书能够进一步推动齐鲁文化和生态理论研究，使其更加成熟完善，更加系统深入。期待我国的生态文明的建设能够在未来发出熠熠的光彩，人与自然能够在新的文明形态中和谐共存。